I0183107

V

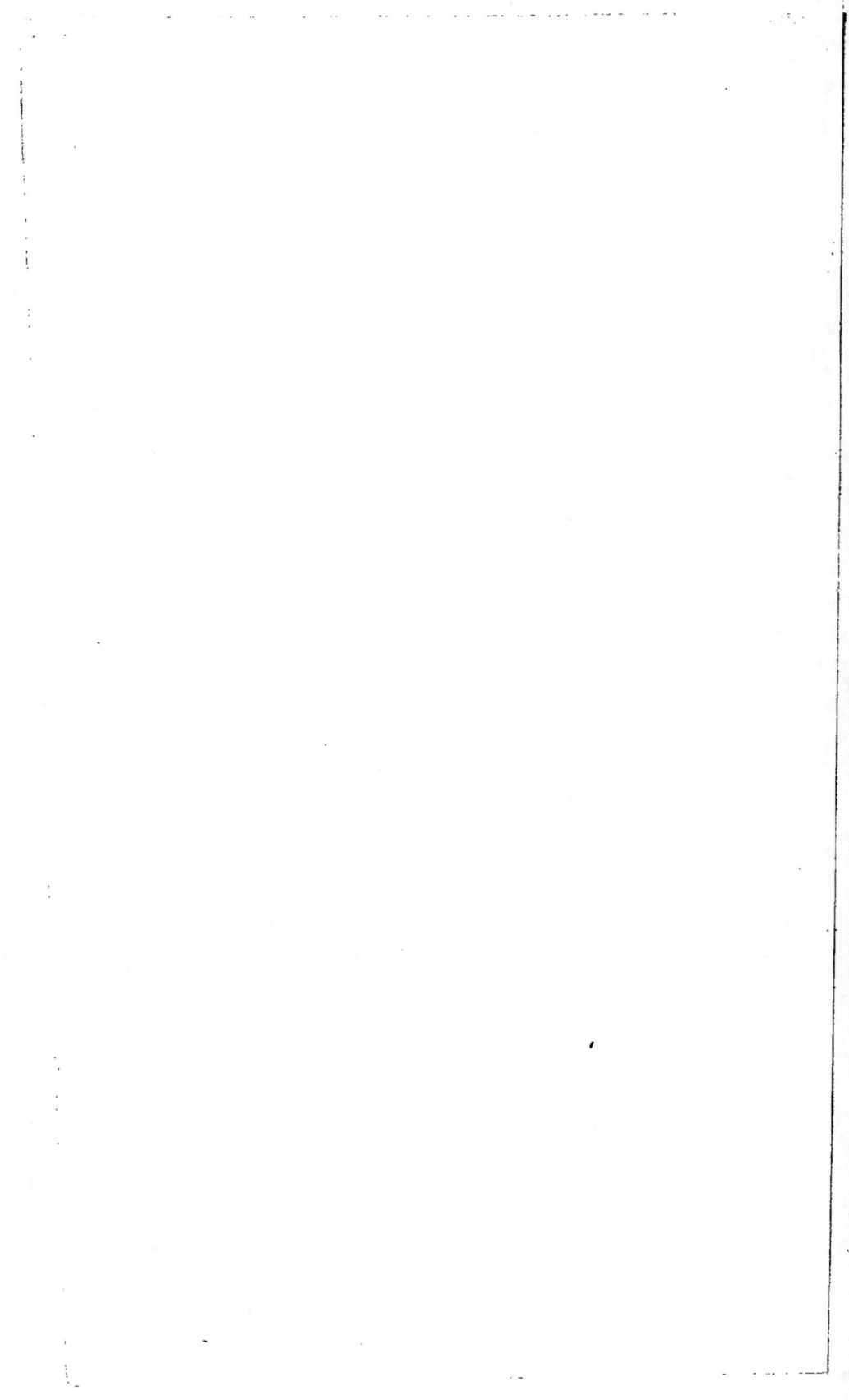

INSTRUCTION

SUR

LES CAMPEMENS.

IMPRIMERIE DE DEMONVILLE,
rue Christine, n° 2.

INSTRUCTION

SUR

LES CAMPEMENS,

AVEC

TENTES OU BARAQUES;

A L'USAGE

DE L'ÉCOLE D'APPLICATION

DU CORPS ROYAL D'ÉTAT-MAJOR.

DEUXIÈME ÉDITION.

A PARIS,

CHEZ ANSELIN, SUCCESSEUR DE MAGIMEL,

LIBRAIRE POUR L'ART MILITAIRE, RUE DAUPHINE, N° 9.

1830.

sous leurs mains ; quelquefois même elles restent exposées à toutes les intempéries de l'air ; on substitue alors à la dénomination de *camp* celle de *bivouac*.

Dans tous les cas, l'ordre, la discipline, les précautions doivent être les mêmes.

On appelle *position*, une étendue de terrain susceptible d'être défendue avec des forces inférieures à celles de l'ennemi. On regarde une position comme susceptible d'une bonne défense, lorsque ses ailes sont appuyées à des obstacles ; que l'ennemi ne peut la tourner sans perdre un temps considérable, ou sans offrir des chances favorables à l'armée défensive ; que son front est d'un accès difficile, et que ses communications en arrière sont parfaitement libres. Une position doit avoir une étendue proportionnée à la force des troupes qui la défendent, et une profondeur suffisante pour les manœuvres de ces mêmes troupes.

Les camps et les bivouacs doivent, autant que possible, présenter les mêmes avantages que les positions. L'armée doit en outre y trouver les objets de première nécessité que l'on ne saurait transporter en campagne, comme l'eau, le bois, la paille et les fourrages. Cependant le but que l'on se propose dans l'établissement d'un camp ne permet pas toujours de choisir un lieu facile à défendre et à portée des objets qui viennent d'être indiqués ; quelquefois il faut se soumettre à les transporter à grands frais.

L'art de choisir les positions et les camps, d'y répartir les troupes de toutes armes dans l'ordre le plus convenable, a toujours été regardé comme une des branches les plus importantes de la science militaire. On désigne sous le nom de *castramétation* l'ensemble des opérations qui y sont relatives.

Les officiers d'état-major ont toujours été chargés de la partie de la castramétation qui est relative au choix des positions des camps passagers, des bivouacs et cantonnemens, ainsi qu'à l'établissement des troupes.

Lorsque les troupes doivent être baraquées et leurs camps retranchés, la construction des baraques et des retranchemens est confiée aux officiers du génie.

Feuquière distingue trois sortes de camps, suivant qu'ils sont pris au commencement, au milieu ou à la fin des campagnes. Le règlement de 1810 fait en outre mention des camps d'exercice pris en temps de paix ; enfin on distingue encore les camps retranchés sous les places fortes.

1*

§. II.

Camps pris au commencement de la campagne.

Les camps que l'on forme au commencement d'une campagne sont principalement destinés au rassemblement des troupes ; ils doivent être établis dans des lieux sains (1), à portée des villages, du bois et de l'eau, et, autant que possible, sur des terrains unis, et par conséquent propres aux manœuvres. Il faut éviter dans les pays chauds, et pendant l'été surtout, le voisinage des eaux stagnantes (2). La bonne qualité de l'eau que l'on destine aux hommes et aux chevaux doit être constatée.

On a coutume d'établir les camps de rassemblement sur les frontières, et sous la protection des places fortes dans lesquelles se trouve une partie du matériel nécessaire à l'organisation des armées. Saint-Paul les appelle *camps retranchés de frontières*, et il fait remarquer (3) qu'ils ne

---

(1) Il paraît, d'après quelques observations faites en Corse, que les positions sous les vents d'est de l'île sont très-malsaines.

(2) On fut obligé, en Morée, en 1828, de sacrifier cette considération à l'avantage d'être plus à portée de l'eau nécessaire au soldat. On établit le camp dans un lieu bas, mais voisin aussi d'eaux stagnantes qui causèrent des maladies.

(3) Traité complet de fortification. Tome 2, page 285.

doivent pas être confondus avec les camps retranchés sous les places fortes. Ces derniers,
dit-il, augmentent l'étendue des places fortes,
et par conséquent leur importance militaire ; ils
en font en quelque sorte partie, et leur sort est
lié à celui de ces places.

Ceux des frontières n'ont qu'une existence
momentanée ; ils ont pour objet les opérations
de la campagne, plutôt que la défense des points
où ils sont établis. Les troupes qui occupent ces
camps sont des masses disponibles, prêtes à se
porter partout ; elles imposent à l'ennemi, et
l'obligent à être circonspect dans ses mouvemens. Tel était l'objet des camps nombreux que
l'on forma sur nos frontières au commencement
de la guerre de la révolution.

Les camps de rassemblement ne sont pas toujours établis sur les frontières ; il est souvent
avantageux, lorsqu'on doit prendre l'offensive,
de rassembler les troupes à une certaine distance
de la frontière, et dans une position centrale qui
menace l'ennemi sur plusieurs points à la fois.
Telle était la position du camp de l'armée de réserve, à Dijon, dans la campagne de 1800.

L'existence de ces camps ayant presque toujours une durée assez considérable, les troupes
y sont abritées sous des tentes ou des baraques.
On est dans l'usage de fortifier les camps de

rassemblement (1); le but principal est d'apprendre aux soldats et aux officiers à se retrancher en campagne, de les exercer à la fatigue, et de les maintenir dans un état d'activité salutaire sous tous les rapports.

§. III.

Des Camps occupés dans le cours de la campagne.

Les camps étant autrefois beaucoup plus communs qu'ils ne le sont aujourd'hui, on en avait distingué d'un plus grand nombre d'espèces; de là les *camps volans*, les *camps de séjour*, les *camps passagers*, etc. On disait d'un corps d'armée qu'il était en camp volant, lorsqu'il tenait continuellement la campagne; ordinairement ce corps était faible et chargé d'expéditions qui demandaient une grande célérité.

Les *camps de séjour* étaient ceux où les armées restaient en observation l'une à l'égard de l'autre, jusqu'à ce qu'elles eussent consommé les fourrages et les vivres qui se trouvaient à portée de leurs positions.

On appelait *camp passager*, celui que prenait momentanément une armée pour menacer une

---

(1) Le camp de Tongres, occupé en 1794, mérite particulièrement d'être cité. (*Essai sur l'Infanterie légère, par le général Duhesme*, page 97.)

place, pour la couvrir, ou pour inquiéter l'ennemi sur sa ligne d'opérations, etc.

Dans tous ces camps, en général (1), les troupes étaient abritées sous des tentes, les avant-postes seuls bivouaquaient.

Les armées modernes sont trop considérables pour que l'usage des tentes ait pu se maintenir; les camps permanens sont devenus plus rares; plus libres dans leurs mouvemens, les troupes ont agi avec plus de vigueur et obtenu des résultats décisifs. Ce nouvel état de choses paraît devoir être durable, l'armée qui reprendrait l'usage des tentes aurait trop d'infériorité relativement à celle qui bivouaquerait.

A plusieurs époques de la guerre de la révolution, les armées ont pris des positions fixes, soit pour faire ou couvrir un siége, soit pour observer l'ennemi dans une position jugée inattaquable; dans ces dernières circonstances, les tentes auraient été utiles, on y a suppléé par des baraques.

Dans les anciens camps, les troupes souffraient moins que dans les bivouacs des intempéries de l'air; mais elles étaient plus rarement cantonnées. Aujourd'hui que les actions sont plus décisives, que le besoin de réparer ses pertes, de

_____

(1) Le maréchal de Villars et quelques généraux ont fait bivouaquer les troupes dans plusieurs campagnes.

faire subsister les troupes, et de mettre un terme à leurs fatigues se fait sentir plus vivement, les cessations d'hostilités sont devenues plus fréquentes; souvent les troupes prennent des cantonnemens peu de temps après l'ouverture de la campagne, et de là résulte une sorte de compensation.

§. IV.

Des Camps pris à la fin de la campagne.

Autrefois, avant d'entrer dans leurs quartiers d'hiver, les troupes prenaient des camps plus ou moins stables; la cavalerie consommait alors ce qui restait de fourrage dans le pays. Les grandes opérations de la guerre commençaient au mois de mai, et finissaient dans le mois d'octobre. Les armées modernes se sont affranchies de cet usage. Souvent, par la facilité des subsistances, on ouvre la campagne immédiatement après les récoltes. Lorsque la paix, une trève ou un armistice a mis fin aux combats, les troupes sont cantonnées ou baraquées. Les cantonnemens ont l'avantage de leur donner plus de repos, de les faire mieux vivre; mais ils relâchent les liens de la discipline.

Ce dernier motif détermina, quelque temps après la paix de Tilsitt, le chef de l'armée fran-

çaise à faire sortir les troupes de leurs cantonnemens, et à les réunir par divisions dans des
camps baraqués situés au milieu du pays où elles
étaient cantonnées.

§. V.

Des camps d'exercice pris en temps de paix.

Ces camps ont pour objet l'exercice et l'instruction des troupes, officiers et soldats, sous
le rapport des grandes manœuvres, et sous celui
des travaux de siége. Ils sont nécessaires lorsque
la paix est de longue durée. On en a formé en
France à plusieurs époques : à Compiègne en
1698 et en 1739 ; à Richemont, entre Metz et
Thionville, en 1732 ; près de Sarrelouis en 1753 ;
à Vaussieux en 1778 ; près de Saint-Omer en 1787,
1827 et années suivantes.

Ils étaient établis en Prusse d'une manière
régulière. Les soldats prussiens étant renvoyés
dans leurs foyers pendant une partie de l'année,
il est important de former en temps de paix des
camps d'exercice pour leur faire reprendre
promptement des habitudes militaires, lorsqu'ils
sont rappelés sous les drapeaux.

§. VI.

Des camps retranchés sous les places fortes.

Un camp retranché sous une place forte est
une position fortifiée, destinée à recevoir un
corps de troupes de 10 à 12 mille hommes. Le
principal but que l'on se propose, surtout lorsque la place est d'une grande importance, est
d'en empêcher le siége ou le bombardement, en
un mot l'attaque. C'est sous ce point de vue que
Vauban a considéré l'utilité des camps retranchés dans son *Traité de la défense des places.*
Les Turcs ont recours ordinairement à ce moyen
de défense (1) que rend nécessaire le mauvais
état de leurs places généralement mal fortifiées.
Bousmard en reproduisant les idées de Vauban,
a envisagé en outre les camps retranchés sous le
rapport de la défense des frontières. M. le général Rogniat, et, après lui, M. le colonel Paixhans,
ont proposé dans le même but, de construire
sous le canon des places de vastes camps retran-

(1) La défense de Varna, en 1828, nous semble en offrir une
application dans les ouvrages de campagne qui couvraient les
fronts de l'ouest, et dont les assiégés sont restés en possession
presque tout le temps du siége, c'est-à-dire, pendant près de
soixante et dix jours. Traité de la guerre contre les Turcs, par
le général Valentini, traduit en français par M. Blesson; édition
de 1830.)

chés capables de contenir des armées de 80 à 100 mille hommes (1). L'examen des systèmes de ces auteurs est étranger à cette Instruction.

On cite le camp retranché de Dunkerque en 1706; celui de Turin dans la même année, qui fit échouer le siége de cette place, entrepris par les Français; celui de Toulon en 1707, qui sauva cette ville et la flotte française; celui de Berg-op-Zoom en 1747; celui de Schweidnitz en 1761; celui de Dantzig en 1813; celui de Belfort en 1815, etc.

Un camp retranché peut encore avoir pour objet d'assurer la communication entre plusieurs places, de couvrir un faubourg important, et de conserver un emplacement propre à recevoir un matériel, et au besoin la population des campagnes.

La communication de la place au camp retranché ne doit pas pouvoir être coupée; les fortifications du camp doivent recevoir de la place la plus grande protection possible, être à l'abri d'insulte, et par conséquent, avoir un profil qui les mette à l'abri du canon, et qui soit susceptible d'être renforcé par tous les obstacles

---

(1) Rogniat. Considérations sur l'Art de la guerre ; 2ᵉ édition, page 489. — Réponse aux notes critiques de Napoléon sur cet ouvrage. Paris, 1823, page 78. — Paixhans. Force et faiblesse militaires de la France. Paris, 1830, page 210.

qui augmentent les difficultés de l'attaque de vive force. Les ouvrages sont quelquefois permanens.

Les camps retranchés sont dangereux quand ils sont mal placés, imparfaits ou mal défendus.

§. VII.

Principe fondamental de toute castramétation.

Les différentes manières d'établir les troupes dans une position, reposent sur le même principe, savoir : que *l'ordre de bataille détermine l'ordre de campement.* Les conséquences suivantes résultent de ce principe.

1° Les différens corps sont campés dans l'ordre suivant lequel ils doivent combattre. Ils se placent au centre ou aux ailes, en première ou en deuxième ligne, en raison de la position qui leur est assignée dans l'ordre de bataille;

2° Le front du camp de chaque corps doit être égal à celui qu'il occupe en bataille, ce qu'on exprime en disant que le camp est couvert par la troupe en bataille, ou autrement, que le front de bandière est égal au front de bataille; le front de bandière est la ligne (1) sur laquelle

---

(1) C'est la *ligne magistrale* du camp, et la première que l'on trace. On appelle aussi *front de bandière*, la ligne sur laquelle les troupes se forment en bataille dans le camp, à 10 mètres en avant des faisceaux.

sont alignés les culs-de-lampe extérieurs des tentes du premier rang, si les tentes sont du nouveau modèle, ou les côtés extérieurs des tentes du premier rang, si ce sont des tentes anciennes.

Le principe fondamental dérive d'une condition qu'il est nécessaire de s'imposer, c'est que la troupe, de quelque manière qu'elle soit campée, doit pouvoir passer dans le moins de temps possible à l'ordre de bataille, et faire face à l'ennemi de jour comme de nuit; cette condition ne doit pas être remplie pour un régiment seulement, elle doit l'être pour tous les corps qui composent l'armée.

Cependant on peut donner au front du campement ou du bivouac plus d'étendue qu'au front de la troupe en bataille, lorsque les intervalles des corps dans l'ordre de bataille sont très-grands. *Voyez* l'observation, page 16. Mais, en général, il faut se conformer au principe.

Les données nécessaires aux officiers d'état-major chargés d'établir les troupes dans une position, sont, l'ordre dans lequel ces troupes doivent combattre, et la force de chaque corps.

L'ordre dans lequel doivent combattre les troupes des différentes armes est déterminé par la nature du terrain. Celui dans lequel sont placées les troupes d'une même arme exige la connaissance de l'organisation de l'armée; cette dermère considération avait autrefois beaucoup plus d'importance qu'aujourd'hui ; chaque régiment voulait combattre au rang qui lui était assigné dans l'ordre général de bataille.

Dans les dernières campagnes, l'infanterie et la cavalerie ont été constamment partagées en divisions, et l'artillerie en batteries de six bouches à feu.

Une division d'infanterie ou de cavalerie est composée de deux ou trois brigades, chacune de deux régimens ; et suivant qu'elle est plus ou moins forte, elle a deux batteries ou une batterie seulement. La division d'infanterie a de plus une compagnie de troupes du génie, mais qui peut en être détachée.

§. VIII.

Etendue des lignes de bataille pour les différentes armes.

L'unité de force est, pour l'infanterie, le bataillon ; pour la cavalerie, l'escadron ; pour l'artillerie, la batterie.

INFANTERIE.

L'organisation actuelle, établie par l'ordonnance du 7 février 1825, donne au bataillon sur le pied de paix 616 hommes, dont 512 caporaux et soldats, qui, sur trois de hauteur, présentent un front de 90 mètres environ (1).

Les intervalles des bataillons sont de 16 mètres.

La profondeur comptée depuis le premier rang jusqu'à la ligne sur laquelle se trouve le chef de bataillon est de 16 mètres.

La force des bataillons sur le pied de guerre doit être de 936 hommes, d'après l'ordonnance citée; mais en campagne elle est variable; c'est en raison de leur effectif que les officiers d'état-major assignent aux bataillons le terrain qu'ils doivent occuper.

Le front d'un régiment de trois bataillons, sur

---

(1) 1 Chef de bataillon et 1 adjudant-major. 2
8 Capitaines, 8 lieutenans et 8 sous-lieutenans. 24
1 Adjudant sous-officier et 1 caporal-tambour.. 2
1 Sergent-major et 1 caporal-fourrier par compagnie. 16
4 Sergens par compagnie. 32
8 Caporaux et 56 soldats par compagnie. 512
2 Sapeurs par compagnie d'élite. 4
2 Tambours ou cornets par compagnie 16
8 Enfans de troupe. 8

TOTAL. . . . . . . .616 hommes.

Les 512 hommes, caporaux et soldats, sur 3 de hauteur, donnent 170 files, ou un front de 85 mètres, auquel il faut ajouter 4 mètres pour les 8 files de capitaine, et 0,50 pour la file du guide de gauche; total 89m,50.

le pied de paix, est de 302 metres; sa profondeur est de 20 mètres.

Une brigade de deux régimens présente un front de 634 mètres; l'intervalle des régimens supposé de 30 mètres.

Le front d'une division composée de deux brigades est de 1318 mètres; l'intervalle des brigades supposé de 50 mètres, et les régimens de trois bataillons sur le pied de paix.

Observation. Les terrains sur lesquels combattent les troupes, et surtout l'infanterie, présentant rarement une plaine unie, il arrive rarement que les brigades, régimens et bataillons soient séparés dans l'ordre de bataille par des intervalles égaux à ceux que nous avons assignés. Ces intervalles sont ordinairement plus grands, parce que les positions ne sont pas attaquables sur tout leur front.

CAVALERIE.

L'ordonnance de cavalerie du 6 décembre 1829 prescrit de calculer l'étendue du front de l'escadron à raison d'un mètre par file, non compris les deux sous-officiers des ailes. Ce rapport pèche par excès; mais il a paru préférable d'assigner à l'escadron un cadre plutôt trop large que trop resserré (1).

---

(1) Dans l'ordonnance provisoire, le front du cavalier monté

L'escadron de manœuvre (1) a communément 48 files, son front est par conséquent de 5o mètres, y compris les deux sous-officiers des ailes.

Sa profondeur comptée depuis la position du commandant jusqu'à la ligne des serre-files est de 16 mètres.

Les intervalles des escadrons sont de 12 mètres.

Un régiment de six escadrons de manœuvre présente un front de 36o mètres ; sa profondeur est de 6o mètres, comptée depuis la position du colonel jusqu'au peloton des trompettes.

Le front d'une brigade de cavalerie de douze escadrons de manœuvre est de 744 mètres, l'ordonnance ayant fixé l'intervalle des régimens à 24 mètres.

Le front d'une division de cavalerie de vingt-quatre escadrons de manœuvre est de 1512 mètres ; l'intervalle de deux brigades supposé de 24 mètres.

---

n'était évalué qu'à 75 centimètres environ. Le front de l'escadron n'était compté que pour 40 mètres.

(1) Les cavaliers disponibles, en sus du multiple de 32 contenu dans l'escadron, forment un peloton de flanqueurs. Le nombre de files de l'escadron de manœuvre doit toujours être un multiple de 16, parce que l'escadron se partage en 4 pelotons, et que chaque peloton doit être d'un nombre de files multiple de 4, les demi-tours se faisant par 4 dans l'ordre de bataille ; du moins en France. A la rigueur, ils peuvent se faire par 3.

Lorsque la cavalerie campe sur les ailes, on laisse entr'elle et la première brigade de droite ou de gauche de l'infanterie, un intervalle de 50 mètres.

ARTILLERIE.

Le front d'une batterie composée de six bouches à feu (et de six caissons en deuxième ligne) est de 108 mètres ; sa profondeur est de 72 mètres dans l'ordre en avant en bataille , et de 54 mètres dans l'ordre en avant en batterie.

Lorsque deux batteries sont réunies, l'intervalle qui les sépare est de 18 mètres.

Dans les grands parcs d'artillerie, l'intervalle qui sépare les timons de plusieurs voitures placées sur le même rang est de $3^m,25$; il est de $4^m,60$ dans les petits parcs pour la facilité des ouvriers qui travaillent aux réparations. La distance entre les essieux des roues de devant ou de derrière pour deux rangs de voitures est de 14 mètres ; elle est de 32 mètres pour deux rangs de haquets.

§. IX.

Des Tentes et Faisceaux d'armes.

L'usage des tentes n'est pas très-ancien chez les modernes. A la fin du seizième siècle, dans les armées commandées par le prince d'Orange, à qui l'on doit les premiers perfectionnemens de l'art militaire actuel, les officiers seuls avaient des tentes. Les troupes campaient sous des baraques en paille, qu'elles construisaient à la hâte, et qui sont décrites sous le nom de *huttes* dans tous les anciens auteurs. La construction de ces baraques, lorsqu'on voulait la faire d'une manière solide, était l'ouvrage de deux jours au moins, lors même qu'on trouvait tous les matériaux sous la main.

Sous le règne de Louis XIV, vers 1679, on donna des tentes aux troupes. Ces tentes eurent sur les baraques, le grand avantage de fournir plus promptement un abri aux troupes dans toutes les positions, et de rendre les accidens du feu plus rares et moins dangereux.

Au reste, ni les tentes ni les baraques en paille, ne sont des abris suffisans pendant la mauvaise saison; elles ne peuvent garantir du froid de l'hiver, et une pluie abondante ne tarde pas à les traverser. M. de Puységur, qui s'était occupé de perfectionner le campement des troupes, désirait que l'on employât pour les tentes une toile huilée et imperméable; mais une toile de cette nature rendrait la tente trop pesante (1).

---

(1) L'emploi des nouvelles toiles imperméables rendrait le campement trop coûteux.

2*

Malgré leurs défauts, les tentes seraient très-utiles, si la manière de faire la guerre en permettait l'emploi. On s'en est encore servi avec succès à plusieurs époques des dernières guerres, pour établir des camps sous les places fortes.

L'instruction ministérielle de l'an 12, la dernière qui ait paru sur le campement, fait mention de deux espèces de tentes ; les unes dites de l'ancien modèle ou *canonnières ;* les autres, dites du *nouveau modèle.* Il existe une troisième espèce de tente que l'on nomme *marquise*, et qui sert ordinairement pour les conseils et pour le logement des officiers généraux.

Parmi les tentes de l'ancien modèle, on distingue celles d'infanterie et celles de cavalerie.

Le plan des premières est un rectangle terminé sur un des petits côtés par un cul-de-lampe. L'entrée est sur le côté opposé. La largeur est de 2^m,60. La longueur, en y comprenant la flèche du cul-de-lampe, est de 3^m,35. La toile est jetée sur une traverse que supportent deux bâtons posés verticalement, et hauts de 2^m à 2^m,30 ; elle est tendue par plusieurs piquets. Cette tente était destinée à recevoir huit hommes d'infanterie ; elle ne sert plus dans les campemens qu'à abriter les domestiques des officiers.

Les cavaliers ayant à mettre à couvert l'équipement de leurs chevaux, la tente de cavalerie était plus grande que celle d'infanterie, quoique destinée à ne recevoir que le même nombre d'hommes.

La tente du nouveau modèle sert pour les deux armes; elle doit recevoir seize hommes d'infanterie ou huit de cavalerie. Seize hommes y seraient trop à l'étroit; mais trois ou quatre sont toujours absens pour le service (1).

Le plan de cette tente est un rectangle terminé par des culs-de-lampe sur les petits côtés. L'entrée est sur l'un quelconque des grands côtés. La largeur est de 3^m,90 ; la longueur totale est de 5^m,90 ; la flèche de chaque cul-de-lampe est de 1^m,30 à 1^m,70. La toile est jetée sur une traverse que soutient un seul bâton ou mât posé verticalement au milieu de la tente ; elle est tendue par 40 piquets enfoncés en terre.

La tente, entourée d'un cordon de gazons, occupe un espace rectangulaire qui a 4^m,80 de largeur, et 6^m,70 de longueur.

Le mât est composé, dans sa longueur, de deux pièces égales, entées l'une sur l'autre à mi-bois, et que l'on peut désunir à volonté ; sa hauteur est de 2^{m}30. La partie où les deux pièces

---

(1) Au camp de Saint-Omer, en 1827, les tentes du nouveau modèle ont été distribuées aux compagnies à raison d'une pour douze hommes, en vertu d'une décision ministérielle récente. Les soldats se placent, 6 à droite, et 6 à gauche, têtes contre têtes, en laissant un passage au milieu.

s'assemblent est entourée de tôle. Le mât porte deux petites pièces de bois ou arcs-boutans qui sont liés avec lui par un boulon de fer, autour duquel ils peuvent tourner pour se rabattre ; ces deux petites pièces forment avec le mât un angle de 45 degrés, et entrent dans les mortaises qui sont ouvertes dans le dessous de la traverse.

La traverse, longue de 2 mètres, est d'une seule pièce. Dans le dessous de cette traverse, et au milieu une entaille sert à recevoir le mât. A droite et à gauche sont cloués deux petits tasseaux triangulaires qui concourent avec un morceau de tôle fixé sur les faces de la traverse à maintenir la tête du mât dans l'entaille (1).

La traverse et le mât ont 4 à 5 centimètres d'équarrissage. Le mât n'est pas enfoncé en terre; l'égale tension de la tente suffit pour lui faire conserver la position verticale. Les extrémités de la traverse, ainsi que les arêtes de la partie supérieure sur laquelle repose la toile, sont arrondies.

La toile est composée de deux pièces qui se recouvrent de 25 centimètres vers le milieu de la longueur de la tente, et permettent de faire l'entrée sur l'un ou l'autre côté. Les deux pièces dans la partie où elles se recouvrent sont unies,

---

(1) Le mât et la traverse peuvent aussi être assemblés à tenon et mortaise.

1° sur le faîte au moyen d'une broche de fer (1)
que l'on fixe dans un trou percé sur le dessus ou
sur les côtés de la traverse, et qui passe par deux
œillets pratiqués dans la toile (la partie de la
toile qui porte sur la traverse s'appelle faîtière ;
elle est recouverte d'une bande de toile plus forte
qui a 50 centim. de largeur) ; 2° sur une longueur de 70 centimètres de chaque côté du faîte,
au moyen de 6 ou 8 anneaux ou boucles de corde
qui tiennent à la toile de dessus, et que l'on fait
passer dans les boutonnières de la toile de dessous
en serrant la première boucle par la deuxième,
la deuxième par la troisième, etc., et enfin la dernière par un gros bouton qui maintient tout le
système ; 3° dans le reste de la partie où a lieu le
recouvrement, d'un côté les pièces sont unies
par trois agrafes en fer, de l'autre elles ne sont
que superposées, et se nouent dans leur partie
inférieure seulement, lorsque l'on veut fermer la
tente. Les bords des ouvertures sont doublés avec
quatre petits triangles de toile plus forte, et sont
garnis de lisières.

Le bas de la toile est aussi garni sur tout le
pourtour de la tente, d'une lisière sur laquelle

---

(1) Quelquefois cette petite broche est implantée sur la tête du
mât. Il y a encore sur les côtés de la traverse quatre trous, deux
à 27 centimètres de chaque extrémité, et deux à 64 centimètres.
Voyez le §. XVI.

est cousue une petite bande de toile de 20 centim. de largeur, qu'on nomme *toile à pourrir*, parce qu'elle touche la terre, et se trouve enterrée dans le remblai de la rigole creusée autour de la tente.

Les culs-de-lampe sont formés de six triangles en toile. Les arêtes sont garnies de cordes dont quatre sont recouvertes d'une toile verte plus forte, semblable à celle qui forme la faîtière.

Enfin la toile porte, dans sa partie inférieure, 40 anneaux ou boucles de cordes dans lesquelles passent les piquets qui servent à la tendre. La largeur des anneaux est de 20 centimètres; leur intervalle est de 50 centimètres. Les piquets ont 40 à 50 centimètres de longueur; leur tête est crochue; on les enfonce en terre un peu obliquement, au moyen de maillets qu'on distribue avec la tente.

Le prix d'une semblable tente est de 100 fr. environ, savoir : 40 francs pour la monture et les piquets, et 60 francs pour la toile, à raison de 30 mètres carrés, au prix de 2 francs.

La tente complète pèse 30 kilogrammes (1), dont moitié pour le bois, et moitié pour la toile.

Le plan de la tente appelée marquise est le

---

(1) Les tentes étaient portées sur des chariots, ou sur des chevaux de bât répartis dans les compagnies, à raison de 2 par compagnie de 60 hommes.

même que celui de la tente du nouveau modèle.
Son faîte est soutenu à 4 mètres de hauteur. La
partie supérieure qui a la forme d'un toit, est
recouverte d'une double toile, et est tendue à
l'aide de cordes fixées au sol par des piquets. Les
parties latérales sont à peu près verticales, et
portent le nom de murailles ; elles sont tendues
par le même moyen que les toiles des tentes du
nouveau modèle. Les marquises sont quelquefois en coutil, toile plus serrée, qui tamise moins
la pluie que la toile écrue ordinaire, employée
pour les tentes.

Le faisceau d'armes est un piquet de $1^m,50$ de
haut, autour duquel les armes forment un faisceau ; il porte à la hauteur de $1^m,00$ à $1^m,30$
plusieurs traverses ou chevilles destinées à arrêter le bout des fusils.

Le manteau d'armes que l'on donne avec le
faisceau est une espèce de tente en toile ou en
coutil, dont la forme est celle d'un cône tron-
qué, et qui sert à garantir les armes de la pluie.
Il y a, au sommet, une calotte en bois, et à la
partie inférieure, quinze anneaux en corde, dans
lesquels passent les piquets qui servent à le
tendre. Trois agrafes cousues sur une sangle,
servent à fermer l'ouverture.

Suivant un historien, on tarda long-temps à
adopter, pour tous les corps de l'armée française,
une manière uniforme d'arranger les armes ;

l'usage général des faisceaux d'armes date du règne de Louis XIV. Ce prince ayant remarqué le bon effet que produisaient des faisceaux d'armes disposés sur une même ligne dans le camp d'un chef de bataillon, il les fit adopter par tous les régimens.

On substitue quelquefois aux faisceaux d'armes des chevalets disposés également en ligne droite.

Le chevalet est composé de deux mâts joints par deux traverses, longues de 1^m,60, placées, l'une à la hauteur de 2^m, l'autre à celle de 1^m,30. La première est assemblée aux mâts par deux mortaises. Deux chevilles de fer la retiennent. La deuxième est destinée à supporter les armes; des échancrures demi-circulaires y sont pratiquées à cet effet.

On donne ordinairement un chevalet au détachement du camp qui porte le nom de piquet; on y joint aussi un manteau d'armes qui se jette sur la traverse supérieure, et s'étend sur le sol d'un mètre de chaque côté. Le manteau d'armes a 22 anneaux, et 3 agrafes à chaque ouverture.

§. X.

Des Piquets et Cordeaux qui servent à tracer les camps de paix.

L'ordonnance de 1776 fait mention de jalons ou piquets longs de 2 mètres, ferrés par un bout, et portant à l'autre une banderole de la

même couleur que le galon affecté à chaque régiment. Ces piquets, connus sous le nom de *fanions*, servent à prendre les alignemens du camp.
Suivant l'Encyclopédie, le fanion, en outre,
remplace le drapeau dans les exercices journa-
liers, et marque dans l'enceinte d'une ville le
lieu où la troupe doit se rassembler ; mais l'importance morale du fanion n'est point compa-
rable à celle du drapeau.

On emploie quatre cordeaux (1) pour tracer le
camp, savoir : le cordeau de front, le cordeau
de profondeur, le cordeau de perpendiculaire,
et le cordeau métrique.

Le cordeau de front a une longueur égale au
front de bataille du bataillon ou escadron, intervalle compris. Il porte deux sortes de marques, les unes rouges pour indiquer les encoignures de chaque file de tentes, les autres rouges et noires pour déterminer les milieux des
culs-de-lampe. Des boucles ou nœuds adaptés
aux extrémités du cordeau de front, servent à
le fixer sur le terrain, et à marquer les encoi-

---

(1) M. le général Préval propose avec raison de retrancher des
règlemens sur le campement les articles relatifs aux cordeaux,
dont on ne se sert jamais en campagne, parce que les positions
qu'on occupe permettent rarement un campement régulier, et
parce que la force des bataillons varie. (*Du Service des Armées
en campagne.* Paris, 1827, pag. 48 et 50 de l'Aperçu historique
sur les anciens règlemens de campagne.)

gnures des premières files de tentes des deux bataillons ou escadrons voisins.

La longueur du cordeau de profondeur est
égale à la profondeur du camp, comptée depuis
le front de bandière jusqu'à l'alignement des
tentes du petit état-major; les marques noires
qui s'y trouvent indiquent la place des culs-de-
lampe; les marques rouges et noires celle des
mâts. Le reste de la profondeur, en avant au-
delà du front de bandière, en arrière au-delà des
tentes du petit état-major, se mesure au pas.

Le cordeau de perpendiculaire est composé
de quatre cordes, dont trois forment un triangle
équilatéral ou isocèle, et dont la quatrième divise la surface de ce triangle en deux triangles
rectangles et égaux. L'hypothénuse de ces triangles a 5 mètres, la base 3 mètres, et la hauteur
4 mètres; quatre anneaux sont destinés à fixer
le cordeau de perpendiculaire. On s'en sert pour
mettre à angles droits le cordeau de front et le
cordeau de profondeur.

Enfin le cordeau métrique est divisé de mètre
en mètre par des marques noires, de 10 en 10
mètres par des marques rouges et noires en sautoir; et de 50 mètres en 50 mètres par deux
marques rouges également en sautoir. Il sert au
tracé du camp, lorsque dans le cours de la campagne la force du bataillon ayant changé, le
cordeau de front ne peut être d'aucun usage. Il

sert encore pour exercer ceux qui sont chargés de tracer le camp à mesurer des distances au pas.

La troupe se pourvoit sur les lieux des fiches ou piquets, qui sont nécessaires pour indiquer les places des mâts et culs-de-lampe et les alignemens des encoignures des tentes.

§. XI.

Fournitures à faire pour le Campement des troupes.

INFANTERIE.

Le règlement accorde à l'infanterie une tente du nouveau modèle ou deux tentes de l'ancien modèle à raison de 15 hommes, sous-officiers et tambours compris (1).

A chaque adjudant, une tente de l'ancien modèle.

Pour le tambour-major, le caporal-tambour, et les huit musiciens, une tente du nouveau modèle, ou deux de l'ancien.

A chaque blanchisseuse, une tente de l'ancien modèle.

Pour les hommes en punition et détenus à la garde du camp, une tente du nouveau modèle ou deux de l'ancien.

---

(1) Voyez la note de la page 21. La tente du nouveau modèle a été donnée pour 12 hommes seulement, au camp de Saint-Omer.

Pour le piquet, un chevalet avec son manteau d'armes.

Aux compagnies de 40 hommes et au-dessous, un faisceau d'armes.

Aux compagnies de 40 à 80 hommes, deux faisceaux.

Aux compagnies de 80 à 120 hommes, trois faisceaux.

A chaque bataillon un cordeau de front, un cordeau de profondeur, un cordeau de perpendiculaire et un cordeau métrique de la longueur de 100 mètres au moins pour les bataillons au-dessous de 800 hommes, et de 200 mètres pour ceux au-dessus.

Le règlement accorde en outre les effets de campement suivans (1); savoir :

---

(1) Ces effets, mal dénommés effets de campement, se distribuent aux troupes, qu'elles campent ou non, au moment de leur entrée en campagne. Voici les bases d'allocation adoptées pour les effets du nouveau modèle. (Vauchelle, Cours élémentaire d'administration militaire; tome 3, page 277.)

Par 8 hommes : 1 marmite en fer battu étamé, avec son sac en treillis noir et son ruban en fil blanc écru ; 1 gamelle en fer de Berry laminé ; 5 outils garnis de leurs étuis, savoir : 1 pelle, 1 pioche, 1 hache, 1 serpe et 1 faucille. Plus, aux troupes à cheval seulement, 1 faux avec son étui et ses accessoires.

Par 16 hommes : 1 grand bidon (capacité de 9 litres), en fer battu étamé au bain.

Par homme : 1 tonnelet en bois garni de sa banderole (capacité de 3/4 de litre) ; 1 sac de toile, dit sac de campement ; 1 couverture.

Par tente du nouveau modèle ou deux tentes de l'ancien, une marmite avec son couvercle et son sac ou étui garni de bretelles, deux gamelles, deux grands bidons, huit outils garnis de leurs étuis et courroies ; savoir : deux pelles, deux pioches, deux haches et deux serpes ; et de plus, dans l'arrière-saison, et en vertu d'un ordre particulier, quatre couvertures de laine (1).

Par compagnie, une marmite de remplacement et trois bidons pour le vinaigre, portés, les jours de marche, par les sergens.

Les tentes destinées aux adjudans, musiciens, maîtres-ouvriers, vivandières et blanchisseuses, sont pourvues des mêmes effets, dans la proportion des personnes logées dans ces tentes. Cette disposition n'est pas applicable aux tentes des prisonniers.

Le règlement accorde aux officiers, tant pour leur personne que pour leurs domestiques :

Au colonel, une tente complète pour se loger, une tente de soldat à l'ancien modèle pour ses domestiques, et une marquise simple avec ses murailles pour tenir le conseil et recevoir les officiers.

---

(1) On y joignait une brouette par compagnie, au camp de Saint-Omer ; mais on ne donnait que 4 outils et 1 bidon par tente, pour 12 hommes. Les couvertures étaient distribuées à raison d'une pour deux hommes. Chaque homme avait en outre un sac.

Au major et à chaque chef de bataillon, une tente complète et une tente de soldat à l'ancien modèle.

A chaque capitaine, adjudant-major, chirurgien-major, une tente complète, et une tente de soldat à l'ancien modèle.

Au trésorier, une tente complète pour se loger, une tente de soldat au nouveau modèle pour son bureau, et une tente à l'ancien modèle pour ses domestiques.

Aux lieutenans et sous-lieutenans de chaque compagnie une tente complète pour deux, et une tente de soldat à l'ancien modèle pour leurs domestiques.

Par chaque tente destinée à loger les domestiques, une pelle, une pioche, une hache et une serpe.

CAVALERIE.

Le règlement accorde à la cavalerie une tente du nouveau modèle, à raison de 8 hommes montés, brigadiers et trompettes compris, et à raison de 12 à 15 hommes pour les dragons à pied.

Pour les sous-officiers de chaque escadron, deux tentes.

Pour les adjudans sous-officiers, une tente.

Pour le brigadier-trompette et l'artiste vétérinaire, une tente.

Pour les chefs sellier et armurier, une *idem.*

Pour le chef tailleur, une *idem.*

Pour les chef bottier et culottier, une *idem.*

Pour les blanchisseuses, une tente par escadron.

Pour la garde de police et des étendards, une tente.

Pour les prisonniers détenus à la garde du camp, une tente.

Pour le piquet, un chevalet avec son manteau d'armes.

Pour 40 hommes et au-dessus, armés de baïonnettes, un faisceau d'armes.

Pour 40 hommes jusqu'à 80, 2 faisceaux.

Pour 80 hommes et jusqu'à 120, 3 faisceaux.

A chaque régiment un cordeau de front, un cordeau de profondeur, un cordeau de perpendiculaire et un cordeau métrique d'une longueur déterminée par la force du régiment.

Et en outre à chaque escadron, un cordeau de front et un cordeau de profondeur.

Le règlement accorde les effets de campemens suivans (1) :

Par tente, une marmite avec son couvercle et son sac, une gamelle, un petit baril garni de sa banderole, quatre outils garnis de leur étui et propres à être adaptés à la selle; savoir : une

_____

(1) Voyez la note de la page 30.

pelle, une pioche, une hache et une serpe ; et en outre, mais avec exception pour les tentes des dragons à pied, une faux, sa pierre et son coffrin, un marteau et une petite enclume.

A chaque cavalier, deux cordes à fourrages.

Pour deux hommes à pied, et à chaque homme non monté du petit état-major, une couverture, laquelle ne peut être délivrée que dans l'arrière-saison, et en vertu d'un ordre particulier. Les manteaux des cavaliers montés doivent leur tenir lieu de couvertures.

Par escadron, 1° 6 bidons portés les jours de marche par les maréchaux-des-logis, et contenant du vinaigre ; 2.° un piquet ferré par cheval, tant pour ceux des escadrons que pour ceux du petit état-major, lesquels seront répartis dans les escadrons ; 3° 4 cordes à piquets (1), de 2 centimètres de grosseur, et d'une longueur proportionnée au complet de guerre de chaque escadron, à raison de 5 mètres pour six chevaux. Les officiers doivent se pourvoir de piquets ferrés par les deux bouts et de cordes à piquets, à leurs frais ; ils reçoivent seulement une corde à fourrages par tente.

---

(1) Les piquets ont environ 1 mètre hors de terre. La corde à piquets unit tous les piquets en faisant un tour dans leur partie supérieure. Elle doit être bien tendue ; elle empêche les chevaux de dépasser les piquets auxquels ils sont attachés.

Les tentes délivrées aux adjudans, aux hommes de l'état-major, aux blanchisseuses et vivandières sont pourvues des effets réglés ci-dessus pour les cavaliers, à l'exception des faux et de leurs accessoires. Cette disposition n'est pas applicable aux tentes des prisonniers.

Les officiers de cavalerie reçoivent, suivant leur grade, le même nombre de tentes, au nouveau et à l'ancien modèle, que les officiers d'infanterie de même grade.

Observation. La paille de couchage si nécessaire au soldat, sous la tente comme dans les baraques, est distribuée en *paille longue*, à raison de 5 kilogrammes par homme, tous les quinze jours et à chaque changement de position.

Dans les camps de séjour, la paille de couchage est étendue sur des nattes en paille que font les soldats, et qui servent de lit de camp. Le sol est battu et dressé convenablement sous chaque tente.

§. XII.

Campement de l'Infanterie.

Le front du camp d'un bataillon, fort de 512 hommes, rangs et files, ou caporaux et soldats, a, comme son front de bataille, une longueur de $89^m,5$. L'intervalle qui sépare un bataillon du bataillon suivant est compris dans cette

3*

longueur, parce qu'il y a toujours des hommes absens, dont le nombre diminue l'étendue du front.

Chaque compagnie occupe une certaine étendue sur le front de bandière. On dit que le campement se fait par compagnie, par demi-compagnie, par quart de compagnie, suivant que les tentes de chaque compagnie sont disposées sur une, deux ou quatre files.

Chaque tente est établie de manière que sa plus grande dimension soit perpendiculaire au front de bandière, et que l'entrée se trouve du côté des intervalles qui séparent les files. Ces intervalles se nomment *rues*.

Les files sont simples aux deux extrémités du camp, elles sont doubles dans la partie intermédiaire. Les tentes qui forment les files doubles sont séparées par un intervalle de 2 mètres.

Les intervalles plus considérables qui se trouvent entre les files simples et doubles, sont les grandes rues du camp. On a l'attention, autant qu'il est possible, de régler ces intervalles à une quantité de mètres fixe, sans fractions, et de rejeter les fractions dans l'intervalle du camp d'un bataillon à l'autre.

Une compagnie étant supposée de 72 hommes, cinq tentes lui seront affectées.

Si le campement a lieu par compagnie, le camp du bataillon comprendra deux files simples, trois files doubles, quatre grandes rues, enfin l'intervalle de 16 mètres qui sépare le bataillon du bataillon suivant.

La largeur d'une file simple est de $3^m,90$ cent., celle d'une file double de $9^m,80$.

Soit R la largeur d'une grande rue, le front du camp étant de $89^m,50$, on aura :

$$4\,R = 89,5 - 16 - (3,90) \times 2 - 3 \times (9,80),$$

d'où l'on tire $R = \frac{89,5 - 16 - 7,80 - 29,40}{4} = 9,07\frac{1}{2}.$

Si l'on veut exprimer cette largeur par un nombre rond, par 9 mètres, par exemple, il faudra porter à 16,30 l'intervalle du bataillon.

La largeur des grandes rues ne doit pas être moindre que 3 mètres.

Cette condition ne peut pas être remplie dans le campement par demi-compagnie, en conservant au front l'étendue de $89^m,50$, intervalle compris. C'est pourquoi on fait toujours camper par compagnie les bataillons au-dessous de 800 hommes, à moins qu'on ne veuille augmenter l'étendue du front du camp. Ce cas se présente fréquemment, parce que les positions se prennent sur des terrains accidentés où les bataillons ne peuvent pas garder les intervalles qui ont été prescrits.

La profondeur du camp se compose d'une partie qui varie en raison de la force de la compagnie, et d'une autre partie fixe, mais que l'on peut au besoin réduire de $\frac{1}{5}$ environ.

La partie variable est la profondeur des filés de tentes affectées aux soldats. Dans cet exemple, les tentes sont au nombre de 5, la profondeur sera égale à cinq longueurs de tentes, plus quatre intervalles de 2 mètres, c'est-à-dire à $(5,90) \times 5 + 4 \times 2 = $ 37,50

La partie fixe se compose des distances suivantes :

1° Du dernier rang des tentes à la ligne des cuisines environ 11,50

2° Des cuisines au front des tentes du petit état-major 15,

3° Du front des tentes du petit état-major à celui des tentes des lieutenans et sous-lieutenans 15,

4° Du front des tentes des lieutenans et sous-lieutenans à celui des tentes des capitaines. 15,

5° Du front des tentes des capitaines à celui des tentes du colonel et de l'état-major. . 20,

76,50

TOTAL. 114,00

Les cuisines se font de diverses manières, suivant le temps qu'on reste campé (1). Si le terrain

_____

(1) Camp de Saint-Omer, en 1827. La cuisine se faisait par compagnie. Chaque file double de tentes avait une cuisine double ; chaque file simple de tentes avait une cuisine simple. Chaque cuisine simple occupait un espace de 4 mètres sur la profondeur du camp, et de $3^m,90$, sur une ligne parallèle au front de bandière. Les murs étaient en terre-glaise et en gazon. Ceux de face avaient 40 centimètres d'épaisseur, et ceux de refend 30 centimètres. Ces derniers, qui n'avaient que 90 centimètres de long, partageaient la cuisine en trois compartimens, dont un, celui du centre,

est bon, on peut creuser une tranchée circulaire large d'un mètre, profonde de six décimètres, et établir les foyers sur la circonférence du cercle embrassé par cette tranchée.

Le petit état-major se compose des adjudans, du tambour-major, du caporal-tambour et des musiciens. Les blanchisseuses et les vivandiers campent sur la même ligne que le petit état-major.

Les tentes des lieutenans et des sous-lieutenans, des capitaines, des chefs de bataillons et du colonel, sont établies de manière que leur grand côté soit parallèle au front de bandière, et que leur entrée soit tournée vers le même front. Les tentes des lieutenans et sous-lieutenans et celles des capitaines doivent correspondre aux files des tentes de leurs compagnies respectives, si on campe par compagnie, et aux intervalles de ces mêmes files, si le campement se fait par demi-compagnie. Chaque chef de bataillon doit camper vis-à-vis le centre de son bataillon. L'adjudant-major s'établit à sa droite. Le colonel campe vis-à-vis le centre de son régiment, ayant à sa droite le major et le trésorier,

---

destiné au foyer, et les deux autres pour ranger les ustensiles et autres objets. Les compartimens étaient recouverts d'un petit toit, à la hauteur de 1m,65 ; le reste était à ciel ouvert et entouré d'un mur de 1m,3o de haut.

et à sa gauche la tente du conseil et le chirurgien-major.

A 3o mètres en arrière de l'état-major, vis-à-
vis le centre de chaque bataillon, on fait des
latrines pour les officiers.

Cette distance ajoutée aux précédentes porte
la profondeur du camp à 144 mètres ; l'intervalle
entre le front de bandière et la ligne des faisceaux étant de 9 mètres, la distance de la ligne
des faisceaux à la garde du camp, de 140 mètres ;
l'étendue totale nécessaire en profondeur est de
293 mètres.

Les faisceaux d'armes sont placés devant les
files de tentes des compagnies auxquelles ils ap-
partiennent, à 2 mètres de distance au moins les
unes des autres (1).

On place le chevalet du piquet sur l'alignement des faisceaux des compagnies, à gauche du
bataillon, s'il n'y a qu'un bataillon ; à gauche du
deuxième bataillon, s'il y en a trois de réunis,

---

(1) Camp de Saint-Omer, en 1827. Chaque faisceau d'armes était
établi sur un cylindre en terre de 40 centimètres de haut et 65 centimètres de rayon, garni de gazons à l'extérieur. La partie sur laquelle reposaient les crosses était recouverte de rocaille.

Derrière chaque tente de soldat, dans la petite rue et parallèlement au front de bandière, était un porte-giberne formé de deux
montans plantés en terre, et unis par une traverse portant 7 chevilles doubles.

et vis-à-vis le centre du régiment, si ce régiment est composé de deux ou de quatre bataillons.

Le drapeau du régiment doit se trouver vis-à-vis le centre du camp, à mi-distance du front de bandière aux faisceaux d'armes. Auprès du drapeau sont deux petits chevalets sur lesquels on le pose après la retraite battue (1).

Les latrines pour les sous-officiers et soldats sont placées vis-à-vis le centre de chaque bataillon à 110 mètres en avant des faisceaux. Les règlemens prescrivent d'entourer toutes les latrines d'une feuillée.

Lorsqu'une compagnie est détachée momentanément, on lui réserve l'emplacement qu'elle doit occuper. Si l'on campe par demi-compagnie, et que la compagnie de grenadiers, par exemple, soit moins forte que les autres, et n'exige

------

(1) Camp de Saint-Omer. Chaque régiment avait élevé en cet endroit un trophée pour recevoir le drapeau ; ces trophées avaient des formes très-variées. En arrière étaient les deux chevalets sur lesquels se pose le drapeau après que la retraite a été battue. Les cannes des tambours et les haches des sapeurs étaient placées tantôt en arrière, tantôt à droite et à gauche du drapeau, et appuyées à de petits faisceaux. Les tambours étaient placés en piles triangulaires sur des carrés ou des rectangles de gazons, tantôt en arrière, tantôt à droite et à gauche du drapeau. Dans le mauvais temps, les cannes des tambours, les haches des sapeurs et les tambours étaient déposés dans des tentes situées en arrière de la ligne des tentes des officiers supérieurs.

que six tentes : celles-ci en ayant huit, au lieu de former deux files de trois tentes, on fait la première file de quatre tentes, la seconde de deux. L'une de ces dernières est placée sur le front de bandière, l'autre à la hauteur du dernier rang.

Le nombre des tentes sur les files des extrémités doit toujours être complet.

§. XIII.

Garde et Piquet du Camp.

On commande dans le camp de chaque régiment, indépendamment des détachemens, deux services, la garde et le piquet.

La garde se partage en garde du camp et garde de police. La première bivouaque à 140 mètres en avant des faisceaux, vis-à-vis le centre du régiment auquel elle appartient. Elle est chargée de l'incarcération et de la surveillance des hommes qui ont encouru des punitions.

La garde du camp est dans l'usage de couvrir l'emplacement qu'elle occupe par un redan de 6 mètres de face, 3 mètres de flanc, et fermé à sa gorge par un fossé sans parapet.

La tente de discipline est établie à 2 mètres en arrière de cette gorge.

La garde de police bivouaque sur l'alignement

des cuisines au centre du régiment. Elle fournit des sentinelles aux faisceaux et sur les derrières du camp.

Les gardes ne reçoivent pas de faisceaux d'armes. Leurs fusils sont appuyés contre une traverse, soutenue par deux fourches.

Les règlemens accordent 200 kilogrammes de paille par régiment ou bataillon, et par deux escadrons, pour les abri-vents de la garde du camp.

Les hommes du piquet restent sous la tente prêts à marcher pour les gardes ou les détachemens. Un chevalet ou faisceau particulier reçoit leurs armes et se nomme chevalet ou faisceau du piquet.

§. XIV.

Campement de la Cavalerie.

La cavalerie campe rarement, cependant l'instruction de l'an XII prescrit des dispositions pour le campement de cette arme.

Un escadron campe par demi-escadron lorsqu'il n'est que de 40 files et au-dessous, par quart d'escadron lorsque le nombre de files est égal ou supérieur à 48. Il y a dans le premier cas deux files de tentes par escadron; dans le second cas les files de tentes par escadron sont au nombre de quatre.

Le campement par quart d'escadron est le plus ordinaire, l'escadron en campagne étant presque toujours de 56 à 64 files.

La dernière file des tentes d'un escadron et la première file de l'escadron suivant ne sont séparées que par un intervalle large de 2 mètres. Pour augmenter la largeur des grandes rues on s'est écarté du principe qui établit que cet intervalle sera égal à celui des escadrons en bataille.

Considérons deux files de tentes; les tentes sont placées sur chaque file de manière que leur plus grande dimension soit perpendiculaire au front de bandière. L'intervalle de $5^m,15$ qui les sépare est destiné à recevoir les fourrages. Cet intervalle est double entre la dernière et l'avant-dernière tente. On évite ainsi de placer du fourrage entre les tentes et les cuisines. Il résulte de ce qui vient d'être dit que chaque tente exige dans le sens de la profondeur une longueur de 11 mètres.

Les piquets des chevaux sont établis sur des lignes parallèles aux files des tentes, et vis-à-vis les intervalles qu'occupent les fourrages. On place le premier piquet à 4 mètres en arrière du front de bandière, et le dernier à la même distance de l'alignement des dernières tentes. La ligne des piquets est interrompue vis-à-vis l'entrée des tentes qui ne se trouvent point aux extrémités des files. Une tente étant affectée à huit cavaliers, la longueur de 11 mètres qu'on lui assigne suffit précisément pour les piquets, déduction faite des passages.

Les rues qui séparent deux files de tentes doivent avoir une largeur de 14 mètres au moins ; savoir : 4 mètres pour le double intervalle entre les tentes et les piquets, 6 mètres pour les deux files de piquets, 4 mètres pour l'intervalle qui les sépare.

Si on peut donner à la grande rue une largeur qui excède 14 mètres, on augmentera l'intervalle entre les tentes et les piquets.

Les régimens de cavalerie, depuis l'ordonnance du 27 février 1825, sont de six escadrons. L'escadron sur le pied de paix compte 6 officiers, 10 sous-officiers, 80 cavaliers et brigadiers montés, etc., en tout 118 hommes. La force de l'escadron sur le pied de guerre est un peu différente suivant l'espèce de cavalerie : l'escadron de grosse cavalerie a 112 cavaliers et brigadiers montés ; l'escadron de cavalerie légère en a 128. Nous supposerons un escadron de 48 files ; son front de bandière sera de 50 mètres, et celui du régiment de 360 mètres, intervalles compris.

Le campement devra se faire par quart d'escadron, c'est-à-dire sur quatre files.

Le camp d'un régiment de six escadrons présentera donc deux files extrêmes simples, onze files doubles et douze grandes rues. On aura donc

en désignant par R la largeur d'une grande rue :
$360 = 2 \times (3,90) + 11 \times (9,80) + 12R$, d'où l'on tire : $R = \dfrac{360 - 7,80 - 107,80}{12} = \dfrac{244,4}{12} = 20,^{m.} 37^{cent.}$

La profondeur du camp en arrière du front de bandière est déterminée par le calcul suivant :

Il faut 14 tentes pour l'escadron supposé, y compris une tente pour les cavaliers non montés ; ces tentes devant être réparties sur quatre files, on fera les files extrêmes de quatre tentes, et celles du milieu de trois seulement.

L'espace dans le sens de la profondeur comprendra :

1° Pour chaque file de 4 tentes, à 11 mètres par tente. . . 44

2° Pour l'intervalle qui sépare les files des tentes des sous-officiers. . . . . 6 mètres.

3° Depuis les tentes des sous-officiers jusqu'aux cuisines. . . . . 14 id.

4° Depuis les cuisines jusqu'aux tentes du petit état-major. . . . . 16 id.

5° Depuis les tentes du petit état-major jusqu'à celles des lieutenans et sous-lieutenans . . . . 16 id.

6° Depuis les tentes des lieutenans et sous-lieutenans jusqu'à celles des capitaines. . 16 id.

7° Depuis les tentes des capitaines jusqu'à celles de l'état-major du régiment. . . . 20 id.

} 88

TOTAL. 132

La profondeur du camp de l'escadron excède donc le double de son front de bandière.

Les forges destinées au ferrage des chevaux sont placées sur la ligne des cuisines.

La ligne des faisceaux est à 9 mètres du front de bandière. Le chevalet du piquet est établi sur cette ligne, à gauche des étendards.

On place ceux-ci au centre du régiment sur la droite de la tente affectée à la garde de police, entre cette tente et les faisceaux d'armes.

La tente de la garde de police et celle de discipline sont établies vis-à-vis le centre du régiment, à égale distance de la ligne des faisceaux et du front de bandière. La première occupe la droite.

Les latrines des officiers sont placées à 36 mètres en arrière de l'alignement des tentes de l'état-major; celles des sous-officiers et soldats à 66 mètres en avant du front de bandière.

§. XV.

Campement et Parcs de l'Artillerie.

L'instruction de l'an XII ne fait aucune mention du campement de l'artillerie. Il paraît en effet difficile de fixer le campement de cette arme. Les règlemens existans ne concernent que les pièces de 4 qui sont quelquefois attachées aux bataillons d'infanterie. Celui du 5 avril 1792 porte que les caissons de 4 seront placés sur un seul rang immédiatement derrière leurs pièces respectives et à 6 mètres en avant des faisceaux.

Le règlement du 11 octobre 1809, rédigé spécialement pour le camp de Spitz, établit au titre V :

« Que les pièces d'artillerie attachées aux régimens seront placées en batterie à côté l'une de l'autre, et dans les intervalles des bataillons, à 2 mètres en avant de la ligne des chevalets ou faisceaux d'armes ; que les caissons, leurs chevaux et ceux des pièces seront placés derrière le centre du régiment, à une distance de 100 mètres en arrière de la baraque du colonel ; et que les canonniers et soldats du train y établiront leurs baraques sur un rang. »

Le même règlement (1) au titre XXXIX porte que les avant-trains et caissons seront placés à 20 mètres en arrière de la ligne des baraques des officiers supérieurs, vis-à-vis l'intervalle qui se trouve entre les deux bataillons où les canons sont placés ; que les canonniers, soldats du train,

----

(1) Ce règlement a été réimprimé en 1823 par ordre du Ministre de la guerre. On y a fait plusieurs changemens importans, nécessités par les lois et les ordonnances postérieures. On a fait disparaître la contradiction que présentaient les titres V et XXXIX, en ne conservant que la rédaction du dernier. On n'a pas touché aux détails du campement ; en sorte qu'on pourrait croire en le lisant, si l'on ne connaissait pas l'organisation actuelle de l'armée, que les bataillons sont encore de six compagnies, etc.

ouvriers, etc. ; seront campés sur la même ligne des avant-trains et caissons. »

Nous avons cru devoir rappeler ces dispositions, quoiqu'elles forment exception. On donne rarement des pièces d'artillerie aux régimens de la ligne. Les bouches à feu qui sont conduites sur les champs de bataille, sont servies par des troupes du corps royal d'artillerie. La réunion de six bouches à feu de campagne forme une *batterie*; on comprend aujourd'hui sous ce nom, d'après l'ordonnance du 5 août 1829, non-seulement les pièces et leurs caissons, mais le personnel nécessaire pour les conduire et les servir.

L'artillerie, en outre, comme chargée du matériel nécessaire en campagne pour le passage des rivières, pour les siéges et pour la fourniture des munitions de toutes les armes, a un état-major, des compagnies d'ouvriers, des compagnies de pontonniers et des compagnies du train.

Le matériel d'artillerie qui suit les armées modernes est très-considerable. On donne le nom de parcs aux terrains qu'il occupe. On trouve l'origine de cette dénomination dans l'usage que l'on avait autrefois d'entourer d'obstacles une réunion quelconque de voitures. On se servait souvent à cet effet des voitures mêmes unies les unes aux autres, au moyen des chaînes de retraite des timons. Le parc prenait alors le

nom de *wagenburg*, qui signifie retranchement
de chariots. Il est prudent de faire parquer les
convois de cette manière, lorsqu'on craint une
surprise ou une attaque de cavalerie.

On désigne aussi dans l'artillerie, par le mot
parc, le matériel même qui y est établi. Ce matériel se divise en deux parties : l'une se nomme
grand parc, l'autre *petit parc*. Suivant Gassendi,
le grand parc est le magasin de l'armée, le petit
parc en est l'arsenal.

Parquer signifie disposer les pièces, les caissons, les voitures, etc., dans un certain ordre
sur le terrain qui leur est assigné.

Nous considérerons d'abord les batteries d'artillerie attachées aux divisions d'infanterie iso-
lées. Nous nous occuperons ensuite des batteries
et parcs d'un corps d'armée.

Batteries des divisions.

Le personnel d'une batterie à pied montée sur
le pied de guerre, est de 196 hommes, officiers
compris, et de 198 chevaux, dont 180 de trait.
Le nombre des canonniers-servans est de 6o,
celui des canonniers-conducteurs est de 100. Le
matériel consiste dans 6 bouches à feu et environ
24 voitures. L'étendue du front de bataille de
la batterie est de 108 mètres. Voici le campement qui pourrait être adopté dans le cas parti-

culier où l'on voudrait établir le personnel et le matériel sur le même terrain.

Les pièces et les voitures formeraient un parc, en avant duquel camperaient les canonniers-servans, et sur les flancs les canonniers - conducteurs avec leurs chevaux, à la manière de la cavalerie.

Il faudrait 8 tentes pour les sous-officiers et canonniers-servans, et 2 tentes pour les officiers. Les 8 tentes des premiers pourraient être placées sur le front de bandière de l'infanterie de la division, ou sur tout autre front de bandière qui aurait été déterminé, et dont l'étendue serait de 108 mètres. Les cuisines seraient établies à 15 mètres en arrière. On dresserait les tentes des officiers à 15 mètres des cuisines, on tracerait le front de bandière du parc ou la ligne qui contient les extrémités des timons des avant-trains, à 24 mètres du front des tentes des officiers.

Les pièces et les voitures seraient parquées sur six files, qui occuperaient sur le front de bandière un espace de 24 mètres au plus, et dans le sens de la profondeur, un espace de 70 à 84 mètres. (*Voyez* page 18, l'espace que les voitures exigent dans les parcs dans le sens des files et des rangs.) Il resterait donc 42 mètres de chaque côté sur le front de bandière pour le campement des canonniers-conducteurs. Il exigerait 12 tentes dont on formerait quatre files, deux de chaque côté du parc; la première file de chaque côté, à 10 mètres du parc; la deuxième, à 15 mètres de la première. Cet intervalle servirait de grande rue pour les piquets des chevaux. On ferait les cuisines à 10 mètres des deuxièmes files, et sur des lignes qui leur seraient parallèles. Enfin, on laisserait entre les tentes, dans chaque file, des intervalles suffisans pour y placer le fourrage.

On s'est astreint dans ce campement à ne pas excéder, pour le front une étendue de 108 mètres, et à rapprocher, autant que possible, la profondeur du camp de celle qui a été adoptée pour l'infanterie et la cavalerie.

Supposons un corps d'armée de quatre divisions, ayant chacune une batterie de six pièces. Supposons en outre que ce corps a une batterie de réserve de pièces de 12. En campagne, chacune des batteries de division suit les mouvemens de sa division avec un caisson seulement par pièce; les autres caissons, chariots, etc., forment, avec la batterie de réserve, le parc du corps d'armée.

Dans un terrain non accidenté, la batterie avec un caisson par pièce, prend position en arrière de la division à laquelle elle est attachée vis-à-vis l'intervalle des deux brigades.

Les canonniers-servans campent en avant de la

batterie ; les canonniers-conducteurs à droite et
à gauche, ou tous d'un seul côté, de manière
que les pièces ne soient pas sous le vent des
feux du camp. Cette précaution est extrêmement
importante.

Le campement doit toujours être tel que les
pièces et les caissons soient attelés dans le moins
de temps possible. Par exemple, si l'on ne doit
passer qu'une ou deux nuits dans la position où
l'on arrive, et toujours sur le qui-vive, les chevaux restent au piquet de chaque côté des timons,
prêts à être attelés, et les canonniers établissent
leurs bivouacs à peu de distance.

Si l'on doit rester plus de temps dans la position, les pièces et les caissons conservent toujours le même ordre. On établit les chevaux sur
deux lignes au moyen des prolonges que l'on
tend. Une de ces lignes se trouve derrière les
pièces, et une autre derrière les caissons. Quelquefois elles sont toutes deux derrière les caissons ou en avant des pièces ; mais cette dernière
disposition a l'inconvénient de salir le front du
camp, et de rendre inégal le terrain sur lequel
les pièces doivent passer.

Des Parcs.

Le parc du corps d'armée a un personnel et
un matériel. Le personnel se compose d'un état-
major, du personnel de la batterie de 12, des

ouvriers, et des détachemens du personnel des batteries attachées aux divisions.

Le matériel consiste dans l'excédant des caissons des autres batteries, les affûts de rechange à raison de deux par batterie ; les caissons de munitions, à raison d'un caisson par 1000 hommes ; les chariots des effets de rechange, les forges et les caissons d'outils pour les ouvriers du parc. Le nombre des voitures est de 120 environ, le nombre des chevaux de 5 à 600.

Les parcs en général sont établis à 200 mètres de la queue des camps. L'emplacement qu'on choisit doit être à portée des chemins, et surtout à portée de l'eau nécessaire pour les chevaux.

La manière de disposer les voitures dépend de l'étendue du terrain, en longueur et largeur. Par exemple, on pourrait parquer les 120 voitures sur 13 rangs. Au 1er rang se trouveraient les six pièces de la réserve, au 2e rang les six caissons qui doivent marcher avec les pièces, au 3e rang les dix affûts de rechange, les 4e, 5e, 6e, 7e, 8e, 9e rangs seraient formés des 60 caissons à cartouches, les 10e et 11e des caissons de munitions d'infanterie, le 12e des chariots des effets de rechange, enfin, le 13e des forges et des caissons d'outils.

Les canonniers-servans camperaient à 50 mètres en avant du parc ; les canonniers-conducteurs sur les côtés ; les ouvriers, ainsi que l'état-major, derrière le parc.

Néanmoins, l'usage est de laisser le devant du parc entièrement libre, et de camper l'artillerie sur l'alignement de la première ligne des pièces, à droite ou à gauche, en laissant un intervalle de 5o mètres.

Une grande armée et une armée de siége ont, chacune, un grand et un petit parc ; la composition de ces parcs est indiquée dans l'*Aide-Mémoire d'Artillerie.* On se borne à extraire de cet ouvrage les règles suivantes relatives au campement :

Dans les siéges, la distance du grand au petit parc est de 8o mètres ; elle est de 4o mètres dans les camps ordinaires.

Un intervalle de 100 à 200 mètres sépare le camp de l'artillerie de l'un des côtés du parc.

La distance du parc des chevaux à l'autre côté est de 8o mètres ; les chevaux doivent être peu éloignés des parcs.

Dans le petit parc, on met les forges en première ligne, et les compagnies d'ouvriers à 4o mètres en arrière ; le premier rang des voitures du parc à 4o mètres des compagnies d'ouvriers ; les ateliers d'ouvriers à 4o mètres du dernier rang des voitures, ou sur l'alignement des forges à droite ou à gauche.

Le directeur et le sous-directeur campent à 4o mètres des ateliers.

§. XVI.

EXTRAIT DES INSTRUCTIONS DE L'AN XII.

Manière de tracer le Camp.

Le cordeau de front de chaque bataillon de ...... hommes, aura ...., et le cordeau de profondeur .... mètres (1).

A mesure que le terrain destiné pour le camp sera distribué aux différens régimens, l'officier chargé de tracer le camp de chacun, fera placer un fanion à la droite et un autre à la gauche dudit terrain, en observant de les aligner correctement sur ceux des bataillons ou escadrons placés à sa droite ou à sa gauche; et, à leur défaut, sur les points de direction du front de bandière qui lui seront indiqués.

Le point de droite et de gauche de chaque régiment étant ainsi déterminé, un sous-officier de la compagnie de droite du premier bataillon du régiment, passera le bout de son fanion dans la boucle ou nœud placé à l'extrémité du cordeau de front, et le tiendra fixe à ce point.

Un second sous-officier partant de ce point et se dirigeant sur le fanion planté à la gauche du terrain du régiment, prolongera le cordeau dans toute sa longueur, et s'arrêtant alors, fera face à droite, d'où l'officier chargé du campement l'alignera correctement sur le fanion de gauche; un autre sous-officier plantera aussitôt un second fanion au centre, et un troisième à la dernière marque placée sur le cordeau à la gauche du bataillon.

Un sous-officier de la compagnie de droite du second ba-

---

(1) Voyez page 27, une observation sur le peu d'utilité de ces cordeaux en campagne. L'œil et le pas des fourriers doivent donner la mesure de toutes les distances.

taillon, plantera tout de suite un fanion à la place où se termine le cordeau du premier bataillon, après en avoir passé le bout dans la boucle ou nœud qui forme l'extrémité du cordeau de front de son bataillon, et un second sous-officier partira tout de suite de ce point, en se dirigeant vers le fanion planté à la gauche du régiment. Après avoir bien tendu son cordeau dans toute sa longueur, il s'arrêtera, fera face à droite, et s'alignera correctement sur les fanions déjà plantés. Un troisième sous-officier plantera aussitôt un fanion au centre, et un autre à la gauche du bataillon.

Les troisième et quatrième bataillons de chaque régiment exécuteront successivement la même opération.

Le sous-officier placé à la droite de chaque bataillon, aura soin de bien arrêter son fanion, et de le tenir bien vertical ; et l'autre sous-officier tendra fortement le cordeau dans toute sa longueur.

Les fanions des quatre bataillons étant placés, ainsi qu'il vient d'être prescrit, l'officier chargé de tracer le camp du régiment, s'assurera s'ils sont exactement alignés sur ceux de l'aile de cavalerie, ou bien sur les points de direction qui lui auront été indiqués.

Lorsque l'on marquera le camp par la gauche de la ligne, l'opération qui vient d'être indiquée ci-dessus, aura lieu de la même manière, en commençant par la gauche du dernier bataillon de chaque régiment.

Dès que les trois fanions seront plantés sur le front de chaque bataillon, et le cordeau bien tendu, les caporaux de campement planteront des fiches ou baguettes à toutes les places indistinctement désignées sur le cordeau par les marques rouges, et rouges et noires ; l'excédant du cordeau de front de chaque bataillon, marquera l'intervalle d'un bataillon à l'autre.

Cette opération commencera par la droite ou par la gauche de chaque bataillon.

Aussitôt que le front de bandière de chaque bataillon aura été ainsi marqué, on tracera la profondeur du camp.

On fera attention de placer le cordeau de profondeur bien perpendiculairement sur le cordeau de front : pour cela on se servira du *cordeau de perpendiculaire*. Après qu'on aura fixé les quatre anneaux par de petits piquets, on prolongera la perpendiculaire tant qu'on voudra, et avec autant d'exactitude que de facilité.

Lorsqu'on aura la perpendiculaire bien exacte, on placera le cordeau de profondeur.

Pour les tentes du nouveau modèle, on portera d'abord le cordeau de profondeur sur la première marque rouge et noire, placée à 1 mètre 95 centimètres (1 toise) de la droite du cordeau de front, et on plantera des fiches indistinctement aux différens endroits désignés sur le cordeau de profondeur, par les marques noires, et rouges et noires ; ces fiches indiqueront la place du milieu des deux culs-de-lampe et celle du mât de chaque tente de la première demi-compagnie de grenadiers.

On répétera la même opération jusqu'à la gauche du bataillon.

Pour les tentes de l'ancien modèle, on portera d'abord l'extrémité de ce cordeau sur la première marque rouge à 3 mètres 35 centimètres de l'extrémité de la droite du cordeau de front : on le tendra fortement, en observant qu'il soit bien perpendiculaire à l'autre cordeau, et on plantera des fiches indistinctement aux différens endroits du cordeau de profondeur, désignés par les marques noires, et rouges et noires; ces fiches indiqueront la place des deux encoignures et de la fourche de chaque tente de la première demi-compagnie de grenadiers.

On répétera la même opération pour chaque demi-compagnie, jusqu'à la gauche de chaque bataillon, en portant successivement le cordeau de profondeur sur les différentes marques du cordeau de front.

Le camp des compagnies étant ainsi tracé, ainsi que l'alignement des cuisines et celui des vivandiers et blanchisseuses, on tracera l'alignement des tentes des lieutenans et sous-lieutenans.

Pour cet effet, deux sous-officiers se porteront l'un à la droite et l'autre à la gauche de chaque bataillon; ils se placeront vis-à-vis le terrain de la demi-compagnie extérieure de chaque aile sur l'alignement tracé pour les vivandiers; feront face en arrière, marcheront chacun quinze pas métriques (le pas métrique sera expliqué ci-après), s'arrêteront et planteront une fiche qui désignera l'alignement des tentes des lieutenans et sous-lieutenans.

Ils répéteront la même opération pour tracer l'alignement des tentes des capitaines, et enfin celui des tentes pour les officiers supérieurs, en observant de prendre, pour ces derniers, vingt pas métriques d'intervalle de l'alignement des tentes des capitaines.

La même opération aura lieu en avant du front de bandière, pour marquer l'alignement des faisceaux d'armes, qui seront placés à 9 mètres en avant de la première tente, et vis-à-vis de leurs demi-compagnies respectives.

Les sous-officiers des compagnies planteront des fiches pour indiquer les emplacemens des faisceaux ainsi que ceux des tentes des officiers de leurs compagnies; ces dernières seront placées sur l'alignement de la première demi-compagnie de chacune.

L'officier de chaque régiment qui présidera à l'opération du campement, aura soin que l'alignement, tant des faisceaux d'armes que des tentes des officiers des différens grades, soit parallèle au front de bandière, et que les fiches ou baguettes plantées pour marquer ces différens emplacemens, soient bien alignées entre elles. Le cordeau de perpendiculaire pourra être employé utilement à tracer ces parallèles.

Observation générale.

On observera que la baguette qui indiquera la place de la fourche ou du mât de chaque tente des compagnies, désignée sur le cordeau par la marque rouge et noire, soit plus longue que celle destinée à marquer l'alignement des encoignures, afin que, dans aucun cas, on ne puisse confondre la place du mât et de la fourche, et celle des encoignures ou des culs-de-lampe de la tente.

Méthode pour tendre le camp.

Lorsque les bataillons ou régimens se seront mis en bataille à la tête du camp, un sous-officier par compagnie ira planter les deux faisceaux d'armes de chacune, à la place indiquée par les fiches.

Lorsque les tentes seront arrivées, on détachera deux ou trois hommes par chambrée pour les aller chercher, et les porter à la place que leur indiqueront les officiers de campement.

On déploiera promptement les tentes, et aussitôt deux soldats prendront chacun une fourche, et poseront la traverse dessus, si c'est une tente ancienne.

Si c'est une tente du nouveau modèle, lesdits soldats prendront les deux morceaux de bois qui doivent composer le mât, et ils les réuniront ensemble en les ajustant dans leurs entailles, après quoi on posera la traverse dessus ledit mât.

On passera ensuite la tente par-dessus la traverse, ayant attention que les encoignures de la faîtière soient bien montées, et pour les tentes nouvelles, on l'ajustera par le milieu dans l'entaille où il y a une broche au haut du mât, et on fera entrer en même temps les arcs-boutans dans les mortaises qui sont préparées dans le dessous de la traverse : ce qui formera une double potence pour mieux soutenir ladite traverse.

On aura soin aussi de faire entrer la petite broche de fer dans les œillets pratiqués au milieu de la faîtière, et de l'enfoncer dans les trous qui sont percés au milieu et sur le tranchant de la traverse; cette petite broche sert à fixer solidement la tente et la traverse, et à empêcher que la faîtière ne puisse se déranger lorsqu'on tend la tente.

Cette opération finie, si c'est une tente ancienne, on placera la fourche du devant exactement à la place indiquée par la fiche, et l'on aura soin que l'autre fourche soit exactement sur la même direction; de manière que les deux encoignures de devant se trouvent exactement sur l'alignement de la fourche de devant, et que les tentes soient aussi placées parallèlement l'une à l'autre dans toute leur longueur.

Si c'est une tente du nouveau modèle, on placera le pied du mât à la place indiquée par la grande fiche, et on restera dans cette position jusqu'au signal qui sera donné pour dresser les tentes toutes ensemble.

A la fin du signal, les hommes qui tiennent les fourches ou les mâts de chaque tente, les dresseront aussitôt verticalement, en observant que la traverse des tentes du nouveau modèle, soit bien horizontale, et que les deux extrémités de ladite traverse soient dirigées exactement sur l'alignement des fiches, vers la tête et la queue du camp.

Aussitôt deux soldats passeront des piquets dans les boucles de corde attachées aux encoignures des tentes, soit anciennes, soit nouvelles, et les enfonceront également; ils feront ensuite la même opération pour le milieu des culs-de-lampe.

On aura soin, pour les tentes du nouveau modèle, de passer les dernières boucles de corde qui sont attachées à la moitié de la tente de dessous, dans les boutonnières prati-

quées à la sangle du bas de l'autre moitié de tente de dessus ;
ce qui sert à fermer les deux portes de la tente. Cette opération faite, on enfoncera les autres piquets à volonté.

Les officiers et sous-officiers de chaque compagnie veilleront à ce que l'on se conforme exactement à tout ce qui a été
prescrit ci-dessus dans leurs compagnies respectives ; les officiers supérieurs, adjudans-majors et adjudans, y veilleront
également, chacun dans leur bataillon.

Pour que le camp soit bien dressé, si ce sont des tentes
de l'ancien modèle, il faut que la première tente de chaque
demi-compagnie se trouve placée dans toute sa longueur sur
la ligne du front de bandière, et que toutes les autres soient
parallèles à cette première dans toute leur longueur ; il doit
aussi se trouver un intervalle d'un mètre 30 centimètres
(4 pieds) de l'une à l'autre, depuis la première jusqu'à la
dernière tente de chaque demi-compagnie , et l'ouverture de
toutes les tentes doit se trouver exactement sur le même alignement.

Si ce sont des tentes du nouveau modèle, il faut que l'extrémité du cul-de-lampe de la première tente de chaque demi-
compagnie se trouve placée exactement sur la ligne du front
de bandière ; que le mât et l'extrémité de l'autre cul-de-lampe
se trouvent placés bien perpendiculairement à ladite ligne du
front de bandière ; et qu'enfin l'extrémité des deux culs-de-
lampe, ainsi que le mât de toutes les tentes suivantes de
chaque demi-compagnie, se trouvent placés exactement sur
le prolongement de ceux de la première tente. Il devra se
trouver un intervalle d'un mètre 95 centimètres (6 pieds)
d'une tente à l'autre.

Les tentes affectées aux prisonniers seront tendues par les
soins du caporal de la garde du camp , qui sera chargé de les
faire prendre à la compagnie dont ce sera le tour.

Le manteau d'armes du piquet sera tendu par les soins du
plus ancien sous-officier dudit piquet.

Méthode pour décamper.

Lorsqu'on donnera le signal pour décamper, on arrachera les piquets avec le plus de célérité possible ; un soldat se placera au mât des tentes du nouveau modèle, et aura soin de le diriger sur un autre soldat placé en dehors, qui le recevra, afin que les tentes tombent toutes ensemble, à la fin du signal.

On déboîtera ensuite la traverse du mât ; on séparera celui-ci en deux, et on attachera le tout ensemble par le moyen des courroies qui s'y trouvent clouées à cet effet.

On prendra la précaution d'ôter la terre qui pourrait s'être attachée à la *toile à pourrir*, et l'on ploiera aussitôt la tente en faisant rentrer les deux culs-de-lampe en dedans jusqu'aux encoignures ; on la ploiera ensuite par le milieu dans toute sa hauteur ; et un soldat placé à chaque extrémité la roulera le plus serré possible en sens contraire, pour qu'elle ait la forme d'un manteau ployé.

Les couvertures, lorsqu'on en aura, seront ployées dans la tente pour être préservées de l'humidité.

Le chef de chaque tente distribuera aux soldats les piquets, ainsi que les outils appartenant à la tente.

Les soldats attachés aux équipages de transport des tentes chargeront les tentes, les manteaux d'armes et les bois, de manière à ce que les tentes se trouvent au-dessus des bois, afin que ces bois et les ferrures n'endommagent pas la toile par leur pesanteur.

Lorsque l'on détendra des tentes à l'ancien modèle, on placera un soldat à chaque fourche ; ces soldats auront attention de ne les abattre qu'à la fin du signal, ainsi qu'il a été dit ci-dessus.

*Du pas métrique ou d'un mètre ; et de la manière d'adapter
tous les pas militaires à la mesure métrique.*

Le mètre étant la base de toutes les mesures d'un camp,
les officiers d'état-major et les sous-officiers des troupes
chargés de marquer les camps, s'habitueront à faire le pas
d'un mètre, qu'on appellera *pas métrique*. Ce pas n'a que
onze lignes de plus que celui de trois pieds dont on s'est servi
anciennement pour mesurer les distances militaires. Un
homme d'une taille ordinaire peut faire aisément ce pas en
pliant les genoux; et il contractera l'habitude de le faire
exact en s'y exerçant très-peu de temps. L'habitude de faire
ce pas exact, peut, dans beaucoup d'occasions, être très-
utile, et abréger le temps qu'il faut pour tracer le camp.

On parviendra également, mais d'une manière moins ra-
pide, au même résultat que par le pas métrique, en réglant
son pas ordinaire aux deux tiers d'un mètre, ce qui fait
deux pieds sept à huit lignes, c'est-à-dire un demi-pouce
à peu près de plus que le pas ordinaire auquel les troupes
sont exercées.

D'après ce principe, on adaptera de la manière suivante
tous les pas militaires à la mesure métrique.

Le petit pas d'un pied sera appelé pas d'un tiers de mètre ;
trois petits pas feront le mètre.

Le pas ordinaire de deux pieds sera appelé pas de deux
tiers de mètre; trois pas ordinaires feront deux mètres.

Le pas allongé de deux pieds six pouces sera appelé pas
de deux tiers et demi, ou cinq sixièmes de mètre; six pas al-
longés feront cinq mètres.

Et le grand pas de trois pieds sera appelé pas métrique ou
d'un mètre; il y aura autant de grands pas que de mètres.

On voit que tous les pas en usage dans les troupes s'adap-
teront parfaitement au système métrique : la différence même
pour les plus grands pas, n'est pas d'un pouce.

Ceux qui seront exercés au pas métrique, s'en serviront ; ceux qui n'y seront pas exercés, pourront se servir du pas de deux tiers de mètre ou des autres pas.

Les officiers de l'état-major de l'armée doivent également s'exercer à juger les distances d'une manière approximative, soit au coup-d'œil, soit au temps de galop de leurs chevaux, au moyen d'une montre à secondes.

Manière de tracer le camp avec le cordeau métrique.

1° On tendra ce cordeau sur la longueur du terrain que le camp doit occuper ;

2° On fera ensuite sur la totalité des mètres du cordeau la soustraction de la quantité de mètres que doivent occuper toutes les rangées simples et jumelles des tentes du bataillon ou escadron, y compris les petites rues ;

3° On déterminera la largeur des grandes rues, d'après la quantité de mètres restante sur le cordeau, après en avoir retranché celle nécessaire pour les tentes et les petites rues. On aura l'attention d'éviter, autant qu'il sera possible, dans la largeur des grandes rues, les fractions au-dessous d'un demi-mètre : ces fractions, s'il s'en trouve de ce genre, pourront être négligées ;

4° Lorsque ces opérations seront faites, la compagnie de droite ou celle de gauche commencera par prendre, sur le cordeau métrique, la distance de mètres nécessaire à la rangée simple de tentes, ainsi que la largeur qui aura été déterminée pour sa grande rue ; la compagnie suivante prendra ensuite la distance qu'occupe une rangée jumelle, y compris la petite rue et la largeur d'une grande rue, quoique la rangée jumelle soit composée de tentes de deux différentes compagnies. On continuera de même jusqu'à la dernière rangée simple de tentes.

Ainsi, dans le petit cordeau de front ordinaire que chaque compagnie devra se procurer, on ne se servira que de la

* 5

partie marquée pour une rangée simple de tentes à la première et dernière demi-compagnie ; et de la partie marquée
pour une rangée de tentes jumelles, y compris la petite rue,
aux autres compagnies, parce que la grande rue se déterminera par la marque des mètres qui sont sur le cordeau de
front du régiment.

§. XVII.

Des Camps baraqués (1).

On détermine l'étendue du front de bandière
des camps baraqués d'après le principe général
que le camp soit couvert par la troupe en bataille. Quant à leur profondeur, elle dépend de
la grandeur des baraques et de la largeur qu'on
donne aux rues parallèles au front de bandière.

(1) Le camp provisoire de Saint-Omer, où les troupes ont été
sous la tente depuis 1827, vient d'être transformé en camp baraqué
permanent pour une division de 4,000 hommes. Les baraques ont
cinq mètres de long sur six mètres de large dans œuvre. Le lit de
camp est double et pour vingt hommes. Les murs, formés d'une
charpente dont les intervalles ont été remplis en torchis, sont
élevés sur un petit soubassement en maçonnerie. Le torchis a été
appliqué contre des lattes clouées intérieurement, comme on le
pratique en Normandie et en Picardie. La charpente du toit a reçu
une couverture en chaume ; plusieurs baraques ont été couvertes
en joncs, roseaux, chenevottes, paille de camomille, la paille de
blé étant en ce moment fort chère. Les couches du chaume ont été
fixées sur les lattes ou gaulettes au moyen de harts d'osier ; ordinairement on emploie des harts en paille. Le lit de camp consiste
dans un cadre et un clayonnage en paille en place de plancher.
Les cuisines ont été couvertes en tuiles. La dépense est montée à
150,000 francs.

Le règlement provisoire de 1809 pour le service des troupes en campagne distingue deux sortes de baraques : les unes de 6 mètres de long sur 5 mètres de large pour 16 hommes ; les autres de 4ᵐ,5o de longueur sur 3 mètres de largeur pour 8 hommes. Il prescrit aussi de faire les grandes rues perpendiculaires au front de bandière. M. le général Préval, au titre III de son *Projet d'ordonnance sur le service des troupes en campagne* (ouvrage cité p. 27), adopte ce qui suit : Les baraques seront pour 8 hommes, elles auront 3 mètres de longueur et 4 à 5 de largeur ; l'entrée sera sur la largeur, et elles seront placées suivant leur longueur sur le front du camp, les unes derrière les autres, à un mètre de distance et formant deux rangées perpendiculaires au front de bandière. L'intervalle entre ces deux rangées formera la grande rue du camp et sera de 12 mètres environ. L'intervalle d'une compagnie à une autre sera de deux mètres et formera la petite rue.

Tous les détails qui précèdent sont empruntés au campement avec des tentes. On n'est pas obligé de les adopter dans le campement avec des baraques ; lorsque celles-ci, par exemple, sont couvertes en chaume et qu'on y fait du feu, des intervalles d'un à deux mètres entre elles ne paraissent pas suffisans pour rendre difficile la communication du feu de l'une à l'autre, en cas

5*

d'incendie. Donnant 3 à 4 mètres de largeur à ces intervalles, on peut ne pas faire de grandes rues perpendiculaires au front de bandière, se contenter d'une ou deux grandes rues parallèles à ce front. On gagnera par ce tracé plusieurs mètres sur la profondeur du camp. Les dimensions des baraques, dans cette hypothèse, seront déterminées d'après la force des compagnies, à raison de 4, 6, 8, 9, etc. par compagnie ; le nombre des files sera tel qu'elles contiennent chacune un égal nombre de baraques.

La manière de construire les baraques varie suivant les pays, les climats, les saisons, les circonstances. En général on adopte le mode de construction le plus prompt et le plus économique, en usage dans le pays où l'on se trouve. Dans le nord, les baraques en planches ne sont pas habitables pendant l'hiver, à moins que le sol n'en soit établi à 1^m ou $1^m,5o$ au-dessous du terrain ; et dans ce cas chaque baraque ne présente qu'un toit à double pente terminé par deux pignons. Il est même nécessaire de couvrir ce toit en tuiles à l'approche de la mauvaise saison.

Les clayonnages en torchis sont fréquemment employés pour la construction des baraques. Le torchis est une espèce de mortier composé de terre franche ou grasse, détrempée et mêlée avec de la paille ou du foin coupé. Des poteaux, la plupart non équarris, ayant été plantés en terre

sur tous les côtés de la baraque qu'on veut construire, à la distance de 30 ou 50 centimètres
environ les uns des autres, on enveloppe de torchis des petits bâtons bruts, avec lesquels on
clayonne les intervalles que laissent les poteaux.
Les bâtons enveloppés de torchis sont placés hori-
zontalement les uns au-dessus des autres; leurs extrémités entrent dans des rainures formées par
des lattes clouées contre ceux des poteaux qui
sont équarris, ou elles sont arrêtées par des entailles qui forment des aspérités à la surface des
poteaux. On crépit ensuite en torchis les deux
faces du clayonnage, et si l'on veut, on les blan-
chit à la chaux (1).

La couverture peut être en planches ou en
chaume. Le chaume tient les baraques plus
chaudes. Il en faut une bonne épaisseur. Il pleut
toujours plus ou moins dans les baraques couvertes en planches.

Un lit de camp est de toute nécessité, parce
qu'il faut éviter de faire coucher long-temps le
soldat sur la terre. Le plus simple n'exige qu'un
cadre avec quelques traverses allant du chevet à
la pièce de talon, et sur lesquelles on fait une

---

(1) Il y a différentes manières de faire les constructions en torchis. Celle que nous avons décrite est usitée en Alsace et en Alle-
magne. Elle diffère de celle qui se pratique en Normandie. Au reste,
on peut appliquer aussi le torchis sur un simple clayonnage.

natte grossière qui reçoit la paille de couchage.
Il suffit que le lit de camp soit élevé de 3o à 5o
centimètres au-dessus du sol. On calcule sa longueur à raison de 4o centimètres par homme.

Les baraques des camps occupés en 1804,
près de Boulogne, par les 1re et 2e divisions de la
grande armée, avaient 3 mètres de longueur sur
4 de largeur, $1^{m},5o$ de hauteur intérieurement
sur les petits côtés, et 3 mètres de hauteur sous
le faîte. L'entrée était sur l'un des grands côtés;
sur l'autre était le lit de camp pour 12 hommes,
au-dessus du lit de camp une petite fenêtre.
Deux ou trois hommes étaient toujours absens
pour le service. Sur les petits côtés, à gauche de
l'entrée, était un râtelier d'armes; à droite, un
porte-giberne et au-dessous les grands bidons
de distribution. Les murs furent d'abord faits en
torchis, et dans la suite, en moellons maçonnés
avec de la terre-glaise. Les soldats allaient extraire
ces moellons à la côte. La couverture était en
chaume, mais on appliquait une couche de torchis sur les lattes avant de mettre le chaume. Le
fond du lit de camp, fortifié par quelques traverses allant du chevet à la pièce de talon, pré-
sentait un tissu fait avec des cordes de paille. La
place de chaque soldat était marquée par son
sac. La cuisine se faisait par compagnie sous des
baraques, en avant desquelles étaient trois tables
en gazons ou en maçonnerie.

Les baraques du camp de gauche, dit d'Ou-
treau, sur la rive gauche de la Liane, étaient en-
terrées d'un mètre environ, et par cette raison
beaucoup plus chaudes que celles du camp de
droite, élevées entièrement au-dessus du terrain.
On y descendait par trois petites marches construites dans l'intérieur. Les parois, taillées dans
la terre, étaient tapissées de paille longue, main-
tenue par deux ou trois traverses horizontales.

Les baraques du camp qu'occupa la division
Gazan, près de Brieg en Silésie, après la campagne de 1807, avaient 7 mètres de longueur sur
5 mètres de largeur, 2^m,50 de hauteur sur les
longs côtés et 5 mètres de hauteur sous le faîte.
L'entrée était sur l'un des petits côtés. Le lit de
camp régnait sans interruption sur un grand et
sur un petit côté, il était pour 24 hommes environ. Les murs étaient en torchis ; la couverture
et le lit de camp étaient en planches. On con-
struisit d'abord autant de baraques modèles qu'il
y avait de régimens ; puis chaque régiment, aidé
de quelques ouvriers et de quelques sapeurs, fît
ses baraques. Il n'y eut de bois équarris que les poteaux des angles et de la porte, le faîte et les deux
sablières. Le torchis était fait par des paysans ; on
l'unissait parfaitement et on le blanchissait ensuite. Les planches de la couverture étaient recouvertes sur les joints par des liteaux. Les pen-
tures des portes étaient des morceaux de cuir.

Les baraques des soldats furent établies sur deux rangs parallèles au front de bandière, séparés par une rue de 10 mètres de largeur. Des petites rues de 3ᵐ,25 de largeur séparaient les baraques dans chaque rang. Le sergent-major et le fourrier de chaque compagnie avaient une baraque qui servait en même temps de magasin à la compagnie, et qui était construite à 10 mètres en arrière du dernier rang des baraques des soldats. Venaient ensuite les cuisines à 10 mètres de distance ; elles consistaient dans des blocs d'un mètre cube en gazons, avec une aire de carrelage, sur laquelle on avait formé diagonalement quatre conduits au moyen de briques posées de champ. On plaçait les marmites sur ces conduits, et on faisait le feu au centre. Les faisceaux d'armes étaient doubles et avaient la forme de râteliers d'armes. Ils faisaient un bel effet sur le front de bandière (1).

Le baraquement de la division fut exécuté en deux mois de temps par 200 ouvriers, sous la direction de M. le capitaine du génie Pretet, aujourd'hui lieutenant-colonel.

Nous ne dirons rien ici des baraques en planches sur lesquelles on trouve quelques dé-

---

(1) Nous devons ces détails à M. le chef de bataillon du génie Lefaivre, qui fit les premières baraques modèles du camp.

tails dans le Mémorial de Cormontaingne pour l'attaque des places; détails qui ont été insérés dans plusieurs ouvrages. Ces sortes de baraques sont toujours construites par des charpentiers. Nous ferons seulement observer qu'il y a de l'économie à les faire longues, parce que le nombre des pignons est moindre.

§. XVIII.

Des Bivouacs.

Le bivouac le plus simple consiste dans une ligne de faisceaux d'armes et une ou deux lignes de feux autour desquels la troupe passe la nuit. Les faisceaux formés par les armes mêmes sont alignés sur le front de bandière déterminé par l'ordre de bataille; les feux sont à 20 ou 30 pas en arrière au plus. Chaque compagnie au bivouac a besoin sur le front de bandière d'une étendue au moins double (1) de celle qu'elle occupe dans le rang. On déroge ici au principe fondamental de la castramétation; on peut le faire sans inconvénient, parce que les corps d'armée occupent en général des étendues de terrain considérables. Mais l'ordre et les précautions prescrites pour la sûreté des camps doivent être observés avec beaucoup de soin dans les bivouacs.

---

(1) Marbot, Remarques critiques, etc., page 43.

Lorsque la troupe doit bivouaquer pendant
quelques jours dans la même position, les soldats se construisent des baraques, si l'on peut
donner ce nom à des abris faits avec les planches,
les branchages et la paille qu'on peut trouver.
Le bivouac présente alors une ligne de faisceaux
d'armes, une ligne de feux, un ou plusieurs rangs
de baraques occupées par les soldats, une ligne
de feux et un rang de baraques occupées par les
officiers.

C'est de cette manière, suivant l'opinion d'un
militaire éclairé (1), qu'on devrait faire camper
la troupe pendant trois mois au moins de la belle
saison pour la former à l'esprit et aux habitudes
vraiment militaires. On lui assignerait un terrain
peu fertile, à portée d'une rivière, d'un bois ; et,
si faire se peut, exposé au soleil levant. On lui
distribuerait des piquets, des branchages ou des
planches et de la paille, et les soldats, en arri-
vant, établiraient leurs bivouacs comme en campagne. Les officiers travailleraient eux-mêmes à
faire leurs propres abris. Un camp semblable,
dit le général J. Frition, serait formé dans un
instant, et c'est encore une chose à laquelle le
militaire doit être exercé pour la guerre.

---

(1) Considérations générales sur l'infanterie française, pag. 84.

§. XIX et XX.

Extrait de l'Instruction provisoire pour le service des troupes en campagne, imprimée par ordre du ministre de la guerre, en 1823.

---

§. XIX.

Des Cantonnemens.

L'ordre de bataille des lignes et des divisions sera conservé, autant qu'il sera possible, dans les cantonnemens.

Il sera observé, dans les répartitions, de mettre toujours ensemble les bataillons d'un même régiment, et les compagnies d'un même bataillon. Les soldats des mêmes compagnies seront mis de même ensemble ou le plus près les uns des autres qu'il se pourra, dans des maisons ou granges qui seront marquées à cet effet.

Les officiers chargés du logement numéroteront toutes les maisons et granges, et marqueront sur celles destinées pour les soldats, le numéro de la compagnie et le nombre d'hommes qu'elles devront loger.

Les compagnies de grenadiers, et en leur absence celles des voltigeurs, seront toujours logées, par préférence, aux avenues des quartiers de leur bataillon.

Il sera marqué aux tambours des logemens au centre des quartiers, et le plus à portée qu'il sera possible du logement de l'officier qui y commandera.

Le commandant du quartier y aura le premier logement. Chaque commandant de brigade aura un logement de préférence dans le canton destiné à sa brigade. Les chefs de bataillon auront les logemens de préférence après le colonel.

Le quartier-maître ou l'officier payeur et les adjudans seront toujours logés à portée du commandant du régiment, ainsi que les tambours.

Si le quartier destiné à un bataillon ne se trouve pas assez grand pour le contenir, de manière qu'on soit obligé d'en détacher quelques compagnies, les adjudans et officiers de santé, les compagnies de grenadiers, de voltigeurs et la première compagnie resteront au quartier principal. L'état-major demeurera toujours dans le quartier où sera la première compagnie.

§. XX et dernier.

Dispositions générales.

Lorsque l'armée se composera de plusieurs corps d'armée, ceux-ci recevront un numéro d'ordre de bataille. Il en sera de même des divisions dans les corps d'armée et des brigades dans les divisions. Les régimens de même arme prendront dans les brigades l'ordre de leur numéro.

Les camps et cantonnemens à occuper seront toujours, autant qu'il sera possible, reconnus et marqués par les officiers d'état-major et aides-de-camp des corps d'armée, divisions ou brigades.

Aussitôt que le camp sera marqué, si la terre est couverte les habitans du village voisin seront prévenus, afin qu'ils puissent la faire faucher immédiatement. Si cette opération n'est pas faite par les habitans, les officiers de campement feront faucher sur-le-champ, en commençant par le front de bandière, tout le terrain du camp. L'officier général ou le commandant donnera ses ordres pour que le fourrage fauché soit entièrement ramassé, afin qu'il en soit disposé ainsi qu'il sera convenable; il en préviendra le sous-intendant militaire.

Lorsque la troupe sera campée ou baraquée, les colonels iront reconnaître les communications nécessaires, à la gauche et à la droite du front du camp ; ils les ordonneront aux officiers supérieurs, qui commanderont sur-le-champ des hommes en nombre suffisant, et y feront travailler aussitôt, sans égard au temps et à la fatigue. Ces communications seront faites le premier jour larges de 10 mètres, et seront portées à 60 mètres dans les camps où l'on séjournera.

Les officiers généraux établiront leur quartier-général de manière que les communications avec les troupes de leur commandement soient faciles et promptes. Le commandant du quartier-général sera chargé de tout le logement dans les lieux où le quartier-général (1) sera établi.

---

(1) Les troupes du génie doivent camper à portée du quartier-général. Dans un siége, les ingénieurs sont logés le plus près de la tranchée que faire se peut.

TABLE DES MATIERES.

(79)

(80)

112

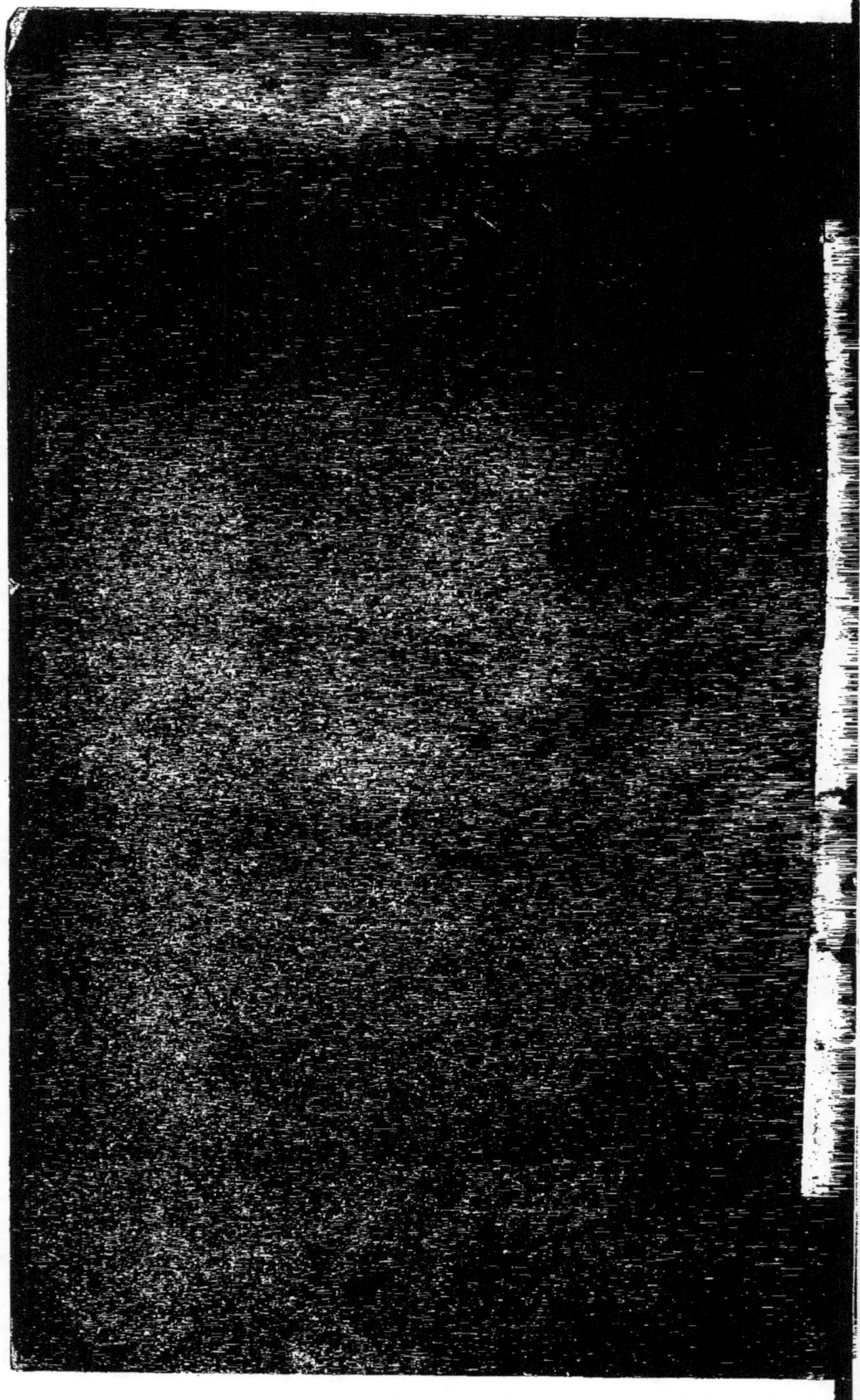